JN082709

Shuwasystem Visual Text Book

図解
入門

# 現場で役立つ
# 図面の
# 読み方・描き方

ビジネスに役立つ
図面の常識!

飯島 晃良 著

秀和システム

●注意

(1) 本書は著者が独自に調査した結果を出版したものです。

(2) 本書は内容について万全を期して作成いたしましたが、万一、ご不審な点や誤り、記載漏れなどお気付きの点がありましたら、出版元まで書面にてご連絡ください。

(3) 本書の内容に関して運用した結果の影響については、上記(2)項にかかわらず責任を負いかねます。あらかじめご了承ください。

(4) 本書の全部または一部について、出版元から文書による承諾を得ずに複製することは禁じられています。

(5) 商標

本書に記載されている会社名、商品名などは一般に各社の商標または登録商標です。

表紙イラスト　PIXTA：Simple Line

# まえがき

　技術の進展とともに、私たちの生活は日々変わり続けています。その中核にあるのが、様々な製品や建築物、機械や装置です。これらの存在は、単に機能的な面だけでなく、デザインや環境への影響、持続可能性といった面からも、私たちの生活を豊かにしています。その背景に、アイデアや設計を形にする「図面」が存在します。

　図面は、技術者やデザイナーの思考を具現化し、製造や施工の現場での標準としても用いられる、非常に重要なツールです。しかしながら、専門的な知識を持たないと理解しにくい側面を持ち合わせています。本書は、そんな図面の壁を乗り越え、初心者から経験者までの読者が理解を深められるように構成されています。

　第1章では、図面とは何か、なぜ私たちにとって重要なのか、その役割に触れながら基本的な考え方を探ります。第2章では、投影法の基礎となる概念や原理について詳しく解説。様々な視点から、物体の形状を表現する方法を学びます。第3章〜第5章では、図形の表し方、断面図の特徴と役割、寸法の入れ方と読み方について、実際の図面例を用いながら詳細に学びます。第6章と第7章では、サイズ公差と幾何公差に焦点を当て、製品の品質や機能を保証するための設計の考え方とその表現方法について、深く掘り下げます。第8章と第9章では、製品の表面仕上げや選ばれる材料についての記号とその意味、製品にどのような影響を及ぼすのかを解説します。第10章では、それまでの章で習得した知識を実際の機械要素の図面に応用することで、実践的な理解を深める機会を提供します。

　図面は、ものづくりの共通言語ともいえるものです。そして、設計者の思考や意図を正確に伝達するための手段です。読者の皆さんが本書を通して、その言葉を自らのものとし、自らその言葉を使って表現できるようになることを願っています。本書がその有意義な指南役となれれば幸いです。

2023年10月　　飯島 晃良

## 本書の特長

　これから図面の学びを始める方はもちろん、実務経験者や資格取得を目指す方々にとっても、非常に価値ある情報を詰め込んだ一冊となっています。

### ◉基本から応用までのJISに準拠した図面知識

　組立図、部品図、配線図など、図面の種類とそれぞれの特徴を網羅的に解説。国際的な製図規格や国内規格について、その基礎と適用例を具体的に示しています。

### ◉豊富な図解と解説でわかりやすい

　図面の読み方や作成のポイントを、実際の図面をもとに解説。実際の製品や部品の図面を取り上げ、その読み方や作成方法を具体的に示しています。

### ◉投影法や寸法の記入法の詳細解説

　「第三角法による投影図など、基本的な投影法の知識と活用方法」、「正確な図面を作成するための寸法の記入方法や記号の意味」を詳しく解説しています。

### ◉材料や機械要素の知識

　「鉄鋼、非鉄金属、プラスチックなど、各材料の図面上での記号や特性」、「ボルト・ナットなどの主要な機械要素の図面とその解読方法」を紹介しています。

### ◉豊富な経験からの実践的アドバイス

　「図面の作成時や解読時のよくあるトラブルやミスを回避するためのアドバイス」、「効率的な図面作成方法やテクニック」を紹介しています。

### ◉「図面」に関係するコラムを満載

　「図面の役割」をキーワードとして、図面にまつわる興味深いエピソード、意外な事柄などを紹介しています。

### ◉ビジネスとの関係性の理解に役立つ

　機械製図はエンジニア、製造業者、サプライヤーなどの関係者間でのコミュニケーションの手段として役立ちます。エンジニアリングとビジネスの密接な関連が理解できます。

## 本書の構成と使い方

　本書は、技術者、学生、研究者、製造業の方々が、設計・製造現場で使用する図面について、基本から高度な知識までをJISに準拠して網羅的に学べる内容となっています。第1〜3章の「図面の基礎編」、第4〜9章の「実技応用編」という2編から構成されています。「図面の基礎編」では、図面の重要性やその種類、製図の規格や図面のサイズなど、図面を読むための基礎知識を詳しく解説しています。「実技応用編」では、図面上の寸法の入れ方や読み方、公差や表面性状、材料記号など、製造現場や設計で必要となる詳細な知識を提供します。

### ◉効果的な学習方法

　本書は、読者の知識や技術のレベルに応じた、目的指向型の構成になっています。以下のように本書を活用することで、効果的な学習が可能です。

**[学習法❶] 図面の基本を知りたい**

　第1章（図面入門）から第3章（図形の表し方）までを順に読むことで、図面の基礎知識を習得できます。特に、図面の種類や製図の規格、線の種類と使い方などの基本的な知識を学びましょう。

**[学習法❷] 図面上の寸法や公差を詳しく知りたい**

　第5章（寸法の入れ方・読み方）や第6章（公差）を中心に学習しましょう。この学習法では、実際の製品を設計・製造する際に必要となる、寸法の記入方法や公差の表し方を学べます。

**[学習法❸] 表面性状や材料の図面上での表し方について詳しく知りたい**

　第8章（表面性状）や第9章（材料記号）を中心に学習します。これにより、材料の種類や表面の仕上げ状態を図面上に正確に記述する方法を学べます。

**[学習法❹] 実際の製品の図面を描きたい**

　第4章（断面図）や第7章（幾何公差）を中心に学習することで、実際の製品の形状や寸法を図面上に正確に表現する方法を学びます。実際の製品設計や製造の現場での応用が可能です。

## ●図面技術のステップアップ

　図面技術は、エンジニアリングや製造業界における中心的なスキルの1つです。正確な図面があれば、製品の設計から製造、品質検査までの一連の工程がスムーズに進行します。ここでは、図面技術の基礎から高度なスキルまでを段階的に学んでいくプロセスを提案します。

 **図面の基礎がわかる**

- 第1章（図面入門）：図面の重要性や製図の規格、図面のサイズや線の種類など、基本的な概念について学びます。
- 第2章（投影法の基本）：投影法や正投影法など、図面の基本的な描き方を理解します。

 **図面の読み方がわかる**

- 第3章（図形の表し方）：正面図の選び方や図形の向き、矢示法など、図面を読み解くための基本的なスキルを身につけます。

 **図面の描き方が身につく**

- 第4章（断面図）：断面図の種類や描き方、それぞれの用途や特徴について学びます。
- 第5章（寸法の入れ方・読み方）：寸法記入の方法や線の種類、記号の読み方など、図面における寸法の表し方を学びます。

 **図面技術を磨く**

- 第6章（公差）：サイズ公差、はめあい、普通公差など、図面において精度を示すための方法を学びます。
- 第7章（幾何公差）：幾何公差の基本から応用まで、より高度な図面表現を理解します。
- 第8章（表面性状）：表面の仕上げや粗さを示す方法、表面性状の記入法などを学びます。
- 第9章（材料記号）：使用する材料やその性質を図面上で示すための記号や方法を学びます。
- 第10章（主要な機械要素の図面）：ねじなどの機械要素の描き方を学びます。

## 「機械・プラント製図技能士」にチャレンジ！

### ◉概要

　機械やプラントの図面を描く業務に携わる技術者の能力を認定する国家資格です。製図能力に加えて、図面作成時に必要な機械・設計に関する知識も求められます。

　等級は1級から3級まであり、それぞれ上級技能者、中級技能者、初級技能者が通常有すべき技能の程度と位置づけられています。資格を取得するには、技能検定の学科試験と実技試験の両方に合格することが必要です。

　実技試験は「機械製図手書き作業」、「機械製図CAD作業」、「プラント配管製図作業」から1つ選択します。1999年に「機械製図CAD作業」が新設されると同時に、従来の「機械製図作業」が「機械製図手書き作業」に名称変更されました。

### ◉学科試験

1級、2級：50問（真偽法・四肢択一法）、試験時間は1時間40分
3級　　　：30問（真偽法）、試験時間は1時間

1. 製図一般
2. 材料
3. 材料力学一般
4. 溶接一般
5. 関連基礎知識
6. 機械製図法（1級と2級ではプラント配管製図法も選択可能）

### ◉実技試験

#### ・機械製図手書き作業

1級：5時間
2級：4時間
3級：3時間

　実技試験問題および課題図（機械装置を組み立てた状態の図面）から、指定された部品図を手書きにより作成します。

- 機械製図CAD作業
  - 1級：5時間
  - 2級：4時間
  - 3級：3時間

　実技試験問題および課題図（機械装置を組み立てた状態の図面）から、指定された部品図をCADにより作成します。

- プラント配管製図作業
  - 1級：5時間
  - 2級：4時間

　指示された配置図、P＆Iダイアグラム、配管計画図、機器外観図および配管部品表をもとに、指定された配管の配管組立図（平面図）を作成する。

## ◉称号授与

　技能検定に合格すると、等級に応じて技能士の称号が付与されます。名刺などに資格を表記する際には「1級機械・プラント製図技能士」、「2級機械・プラント製図技能士」、「3級機械・プラント製図技能士」のように等級を明示する必要があります。なお、職業能力開発促進法により、機械・プラント製図技能士資格を持っていない者が機械・プラント製図技能士と称することは禁じられています。

※検定試験の詳細は、中央職業能力開発協会の「技能検定」のページをご覧ください。

https://www.javada.or.jp/jigyou/gino/giken.html

## Chapter 1 　図面入門

## Chapter **5**　寸法の入れ方・読み方

# Chapter 8 表面性状

# Chapter 9 材料記号

## Chapter 10 主要な機械要素の図面

---

### 注意

　線の種類によって太さも異なります。本書は基本的に太さも区別して描いていますが、縮小された図面などにおいては太さが異なって見える可能性があるので、その点ご留意ください。詳細は「1-11　線の種類と使い方」に示す線種と太さを参照してください。

# 図面入門

　図面は、ものづくりにおいて欠かせない情報伝達手段です。情報伝達を可能とするには、当然ながら相手に通じる手段でなければなりません。そのため、図面の描き方には、国際的なルールが定められています。ここでは、図面の読み描きをする上で必須となる基本的な事項を学びます。

# 1-1 図面の重要性

世の中に出回っている様々な "もの" は、設計図面をもとに製作されています。

もちろん、とある芸術家による芸術作品や、匠による世界に１つしかない逸品など、その人が自らつくるものには、図面がない場合も多いでしょう。それは、第三者につくり方を伝える必要がないからです。

一方、私たちが日ごろの生活でかかわっている身近な "もの" のほとんどは、図面をもとに製作されています。次にいくつかの具体例を挙げます。

## スマートフォン、自転車、自動車、文房具、家電……

これらはすべて図面をもとに製造されています。それでは、誰がどこでつくっているのでしょうか。

例えば自動車は、数万点の部品を組み立てて製造されます。個々の部品に図面があります。また、それらの部品は、様々な企業の様々な工場で製造されています。そしてその工場は日本国内にあるとは限りません。つまり、世界中の工場で製造される図面を描いていることになります。

よって、図面は国際的ルールに基づいて、国際的に通用するように描かなければなりません。

実際に、図面の読み描きのルールは国際的な標準化が図られています。日本の製図規格は、**日本産業規格**（JIS＊）で定められています。製図のJIS規格は、製図の国際規格である**国際標準化機構**（ISO＊）に準拠しています。そのため、次のことがいえます。

> JISによる図面の読み描きのルールを理解すれば、それは国際的にも通用する。

---

＊ **JIS**　　Japanese Industrial Standards の略。

＊ **ISO**　　International Organization for Standardization の略。

　図1-1-1に図面の例を示します。この図面は、次ページの図1-1-2に示す、「フランジ型たわみ軸継手」と呼ばれる動力伝達要素のフランジ部分の図面です。

## 図面の例（図1-1-1）

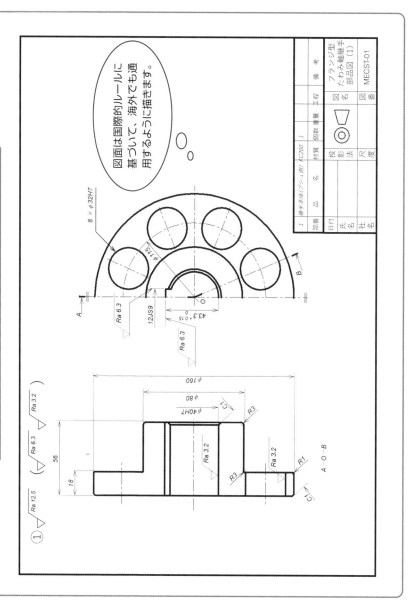

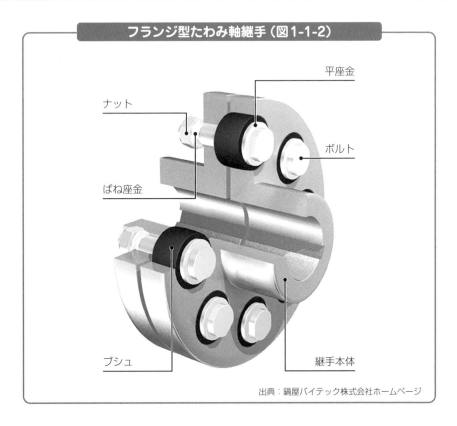

**フランジ型たわみ軸継手（図1-1-2）**

平座金

ナット

ボルト

ばね座金

ブシュ

継手本体

出典：鍋屋バイテック株式会社ホームページ

本書を読むことで、このような図面を読んだり描いたりできるようになるでしょう。

日ごろの業務で図面を描く必要がある方はもちろんですが、図面を読む必要がある方も、図面のルールを知っている必要があります。

**名人からのアドバイス**

**国際的に通用する図面ルール**

製品は設計図面に基づいて製造されますが、これらの図面は国際的なルールに従って描かれています。日本の製図規格は国際標準に準拠しているので、図面のルールを理解することで、国際的にも通用する図面を描くことができます。

## 1-2 図面にかかわる人は多岐にわたる

　製品を設計・製造する技術部門で図面を読み描きする機会が多いのはいうまでもありませんが、実際に図面に関係する人は、次表のように実に多岐にわたります。

 ### 企業の部署と図面とのかかわり

▼様々な部門での図面とのかかわり (表1-2-1)

| | 関係する人 | 部署例 | 図面とのかかわり |
|---|---|---|---|
| 1 | 新製品の企画をする人 | 商品企画部 商品戦略部 | ・新たに世に生み出したいものを考える。その際、ポンチ絵*などを描きながら構想を練ったり、既存図面やライバル製品の図面などを見ながら企画をする。 |
| 2 | 新技術の研究を行う人 | 研究部 先行開発部 | ・将来技術の創生のために、要素研究や先行的な開発を行う。その場合、試作品や研究装置などを新たに構築しなければならないことが多いため、図面の読み描きが必要。 |
| 3 | 製品を設計・開発する人 | 設計部 開発部 実験部 | ・企画検討の結果、商品化を決めた製品について、その仕様 (性能、サイズ、コスト、耐久信頼性、製造法など、様々な項目) を満足するように具体的な機構・構造・材料・加工法などを考えながら、計画図・部品図・組立図などの製作図面をつくり上げる。<br>・このプロセスには、図面の作成だけでなく、試作、性能や耐久性などの評価試験なども含まれるため、担当者は、図面を読んで課題を明らかにしたり、設計に必要な要件を提示したりする。 |
| 4 | 工場の生産企画・管理をする人 | 生産技術部 | ・製品を製造するためには、その生産設備と生産体制を整える必要がある。そのため、図面を読みながら、その製品を製造できるように、生産設備の構築、最適な稼働体制の構築などを行う。 |
| 5 | 製品を製造する人 | 製造部 工場 | ・部品図を読んで部品を製作する。<br>・組立図を読んで製品を組み立てる。 |
| 6 | 製品を検査する人 | | ・でき上がった製品が仕様を満足しているかどうか検査する。その際、部品図や組立図を読みながら検査を行う。 |

＊ポンチ絵　製図の下書きや概略図のこと。イラストや図による概要説明の図。

| 7 | 製品を販売する人 | 販売部<br>代理店 | ・営業部門などの担当者は、自社で開発された製品を顧客に売り込む。その際、自社の製品の特長を十分に理解するためには、図面を正しく読むことが求められる。<br>・顧客から、製品の形状、材質、仕様などについての問い合わせがあった場合に、図面を読んだ上で、顧客に回答したり、技術部門の担当者に問い合わせたりする。 |
| 8 | アフターサービスをする人 | 品質保証部<br>販売店 | ・商品の点検、整備、修理などを行う場合に、図面を読むことも必要である。<br>・サービスマニュアルの編集など、図面をもとに顧客向けの情報書を作成する。 |
| 9 | 製品のユーザー | | ・製品を購入する側も、仕様書やカタログなどに記載されている図面を読むことがある。また、設備導入などの際には、図面を読みながら導入を進めていく必要がある。 |

**COLUMN　設計図面の役割**

　設計図面は、一見すると、ただの線や記号の集まりにすぎないように感じられるかもしれませんが、これらの紙片1枚1枚は、巨大な設備や精密な機械、そして私たちの身の回りの製品の形成の元となります。設計図面は、設計者の頭の中にあるアイデアや概念を、具体的かつ明瞭に表現するためのツールです。それは、言葉では表現しにくい細部やニュアンスを、線や図形、寸法、記号、注釈を用いて他者に伝える手段となります。そして、この図面があることで、異なる背景や専門知識を持つ人々が、共通の理解の基盤上でコミュニケーションをとることが可能となります。設計図面は、過去の偉大な発明から今日の最新技術まで、人類の技術的進歩を支えてきました。それは、夢を現実に変えるための第一歩であり、私たちの創造力の具現化ともいえるでしょう。

# 1-3 図面の種類

図面には、用途と内容に応じて様々な種類のものがありますが、一般に製品を製作する上では、製造に必要なすべての情報が示された図面が必要です。これを製作図と呼びます。

## 製作図の種類

製作図には、次のようなものがあります。

①部品図：機械・器具などを構成する単一の部品を製作するのに必要な図面。
②組立図：機械・器具などを構成する個々の部品間の位置関係、組み立てられた状態を表す図面。機械を組み立てる際に必要になる。
③部分組立図：大がかりで複雑な機械の場合に、複数の部分に分けて描いた部分的な組立図。

製品の製造においては、部品を製造して組み立てることで製品が完成します。その際に最も基本となるのは、**部品図**と**組立図**です。
そこで本書では、主に部品図と組立図の読み描きに必要な事項を学びます。

### 名人からのアドバイス

### 部品図と組立図

図面は製品の製造に必要な情報を示します。基本となる「部品図」と「組立図」は、それぞれ製品の単一部品および組み立てられた状態を表します。

# 1-4 図面と製図

　図面と聞いてすぐに思い浮かぶのは、物体の形状を表す図形ではないでしょうか？　確かに図形は図面に欠かせない重要な要素ですが、それだけでは不十分です。ここでは「図面には何が必要なのか」を学びます。

## 図面に必要なもの

　図形だけでは図面は完成しません。図1-4-1に示すように、寸法その他の情報が必要です。

# 図面 ＝ 図形 ＋ 寸法 ＋ 記号 ＋ その他情報

**図形**：図形を見れば、形状がわかります。しかし、そのサイズなどは不明です。そのため、図形だけでは品物をつくれません。

**寸法**：図形に寸法が加われば、形状とサイズがわかります。しかし、まだつくれません。どのような材質を用いるか、仕上げ加工、熱処理などつくるための追加の情報が必要です。

**記号**：穴の種類、表面の性状（粗さなど）、加工法などの記号が加わると、加工後の仕上がりの状態がわかります。

**その他情報**：材質、個数、関連JIS規格などの情報が補足されて、具体的に製造するための情報がそろいます。

　以上の情報を含んだ図面を作成することが、製図の一連のプロセスです。

## 図面に必要な情報（図1-4-1）

図形だけでは図面は完成しません。

## 図形

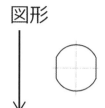

↓

## ＋寸法＋記号

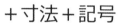

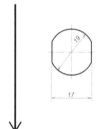

↓

## ＋その他情報

品名、材質、個数、重量、投影法、図番、JIS規格番号など

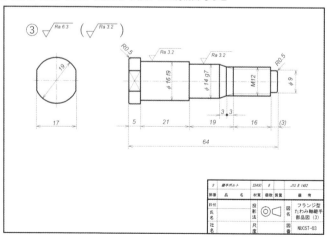

**製品のDNAのような「図面」**

1枚の紙には、製品の形状やサイズ、材料、そして製造方法に至るまで、製品を具現化するための重要な情報が詰まっています。

最初に目を引くのは、製品の寸法と形状です。これらは図面の基本であり、製品の大きさや形を正確に理解することができます。

次に、材料情報があります。これは「何からつくるのか？」という質問に答えてくれるもので、図面には使用する材料とその特性が明記されています。

製品製造においては所定の精度が求められるため、**公差**が重要となります。

公差は、許容される範囲の寸法誤差を示し、これにより製品が正しく機能することを保証します。

また、表面処理も図面に記されています。これは、製品に想定どおりの見た目と機能を持たせるために指示されています。

図面には組み立て情報も含まれていることがあり、特に組立図では「各部品がどのように連結されるのか」、「どういう順序で組み立てるのが正しいか」といった重要な組み立て情報が提供されます。

特定の製造手順や操作要件も図面に記載されています。これらは、製品が設計どおりの性能を発揮することを保証するために必要なもので、製品の品質と性能を確保する重要な情報源となります。

## 1-5 製図の規格

日本国内の製図法は、JIS（日本産業規格）によって体系化されています。JISの製図規格は、製図の国際規格であるISO（国際標準化機構）規格に準拠するように改訂を重ねてきました。

つまり、JISの製図規格はISOの製図規格に準拠しているため、JISに基づく製図法を理解すれば、基本的にはグローバルな製図法として通用します。

 **JIS規格**

表1-5-1に、JIS規格の分類を示します。JISは20の部門に分けられています。

▼JISの20分類（表1-5-1）

| 部門記号 | 部門 |
| :---: | :---: |
| A | 土木・建築 |
| B | 一般機械 |
| C | 電子機器・電気機械 |
| D | 自動車 |
| E | 鉄道 |
| F | 船舶 |
| G | 鉄鋼 |
| H | 非鉄金属 |
| K | 化学 |
| L | 繊維 |
| M | 鉱山 |
| P | パルプ・紙 |
| Q | 管理システム |
| R | 窯業 |
| S | 日用品 |
| T | 医療安全用具 |
| W | 航空 |
| X | 情報処理 |
| Y | サービス |
| Z | その他 |

特定のJIS規格を表すときには、例えば次のように示します。

JIS B 0001 : 2019　機械製図

　　　部門記号　　制定・改正年

　ものづくりで基本となる機械製図に関係するJIS規格の一覧を、表1-5-2に示します。

▼機械製図関連のJIS規格の分類（表1-5-2）

| 規格名称 | 規格番号 |
| --- | --- |
| 製図－製図用語 | JIS Z 8114 |
| 製図総則 | JIS Z 8310 |
| 製図－文字 | JIS Z 8313 |
| 製図－尺度 | JIS Z 8314 |
| 製図－投影法 | JIS Z 8315 |
| 製図－図形の表し方の原則 | JIS Z 8316 |
| 機械製図 | JIS B 0001 |
| 製図－ねじ及びねじ部品 | JIS B 0002 |
| 歯車製図 | JIS B 0003 |
| ばね製図 | JIS B 0004 |
| 製図－転がり軸受 | JIS B 0005 |
| 製品の幾何特性仕様（GPS）<br>－幾何公差表示方式 | JIS B 0021 |
| 製品の幾何特性仕様（GPS）<br>－表面性状の図示方法 | JIS B 0031 |
| 製品の幾何特性仕様（GPS）<br>－長さに関わるサイズ交差のISOコード方式 | JIS B 0401 |
| 製品の幾何特性仕様（GPS）<br>－表面性状：輪郭曲線方式 | JIS B 0601 |
| CAD用語 | JIS B 3401 |
| 溶接記号 | JIS Z 3021 |
| 電気用図記号 | JIS C 0617 |

# 1-6 図面のサイズ

図面のサイズは、JIS Z 8311（製図用紙のサイズ及び図面の様式）によって定められています。

##  図面にはA列サイズを用いる

　製図に用いる用紙は、図1-6-1および表1-6-1に示すように、原則的にA0〜A4のA列サイズのものを用います。

### 製図用紙の大きさ（図1-6-1）

A0
841 × 1189 mm

A3
297 × 420 mm

A4
210 × 297 mm

A1
594 × 841 mm

A2
420 × 594 mm

▼A列サイズ（第1優先）（表1-6-1）

| 呼び方 | 大きさ（単位 mm） |
|---|---|
| A0 | 841 × 1189 |
| A1 | 594 × 841 |
| A2 | 420 × 594 |
| A3 | 297 × 420 |
| A4 | 210 × 297 |

　なお、長い品物を描く際には、表1-6-2に示すように、基本となるA列のサイズの短辺を整数倍に延長した特別延長サイズを用います。さらに大きな用紙や例外的に延長した用紙が必要な場合には、表1-6-3に示す例外延長サイズを用います。

▼特別延長サイズ（第2優先）（表1-6-2）

| 呼び方 | 大きさ（単位 mm） |
|---|---|
| A3×3 | 420 × 891 |
| A3×4 | 420 × 1189 |
| A4×3 | 297 × 630 |
| A4×4 | 297 × 841 |
| A4×5 | 297 × 1051 |

▼例外延長サイズ（第3優先）（表1-6-3）

| 呼び方 | 大きさ（単位 mm） |
|---|---|
| A0×2 | 1189 × 1682 |
| A0×3 | 1189 × 2523 [注] |
| A1×3 | 841 × 1783 |
| A1×4 | 841 × 2378 [注] |
| A2×3 | 594 × 1261 |
| A2×4 | 594 × 1682 |
| A2×5 | 594 × 2102 |
| A3×5 | 420 × 1486 |
| A3×6 | 420 × 1783 |
| A3×7 | 420 × 2080 |
| A4×6 | 297 × 1261 |
| A4×7 | 297 × 1471 |
| A4×8 | 297 × 1682 |
| A4×9 | 297 × 1892 |

注　このサイズは、「取り扱い上の理由で使用を推奨でき
　　ない」とされている。

# 1-7 輪郭線

製図用紙の端は、使用しているうちに切れたり破れたりして破損することがあります。そのため、製図用紙には輪郭線を引き、図形などは輪郭線の内側に描くようにします。

 ## 輪郭線を引く位置

輪郭線は、図1-7-1に示すように最小0.5mmの太さの実線で、用紙の端から次のような位置に引きます。

・輪郭線を引く位置の推奨値
・A0、A1用紙：　用紙の端から20mmの位置
・A2、A3、A4用紙：用紙の端から10mmの位置

### 輪郭線（図1-7-1）

図を描く領域

輪郭線

推奨幅（A0、A1では20mm、A2、A3、A4では10mm）

用紙の縁

輪郭

図形は輪郭線の内側に描きます。

1

図面入門

# 1-8 中心マークと方向マーク

図面の複写や撮影、スキャンをする際の位置決めに便利なように、図面の中心位置に中心マークを設けます。また、製図用紙の向きを示したい場合には、方向マークをつけます。

## 位置決めに便利な中心マークと方向マーク

次ページの図1-8-1に示すように、図面の端から輪郭線の内側約5mmの位置まで、最大0.5mmの太さの直線で、天地左右（上下左右）の4つの辺の中央に**中心マーク**を4か所つけます。

**方向マーク**は、製図用紙の長辺と短辺に1つずつ、正三角形の印で示します。この方向マークのどちらかが製図者に向くように用紙を置いて、作図を行います。

---

**COLUMN** マイクロフィルム

一見古風な技術のように思うかもしれませんが、その実用性と持続可能性はいまでも多くの専門家や機関に評価されています。この技術は、文書や画像を縮小してフィルム上に保存するもので、「非常に小さなスペースで大量の情報を保管できる」という利点を提供します。

マイクロフィルム撮影は、かつては図書館や研究機関、企業で広く利用され、貴重な文書や記録を後世に残す手段として重宝されました。

この技術の核心は、専用のカメラを使用して文書や画像を撮影し、その情報をフィルム上に保存することにあります。

フィルムは通常、35mmや16mmの幅が利用され、一般的なフィルムよりも非常に小さいサイズの中に情報を高密度で保存します。

マイクロフィルムの魅力は、デジタルデータのように、技術の変化によって読めなくなる心配が少ないという点にもあります。この点で、マイクロフィルムはデジタルオブソレッセンス（技術の陳腐化）の問題を回避できるのです。

また、マイクロフィルムは自然災害や事故から来るデータ損失のリスクを減らす手段ともなります。電子データが消失しやすいのに対し、物理的なフィルムはそれらのリスクを低減し、長期間にわたる安定した保管が可能となります。

その読み取りプロセスはシンプルで、特別なマイクロフィルムリーダーを使用してフィルムを拡大し、元の文書を表示できます。マイクロフィルムが提供する、このシンプルで堅牢な情報の保存法は、デジタルの時代に生きる私たちにとっても、古典的でありながら実に新しい視点を提供してくれます。

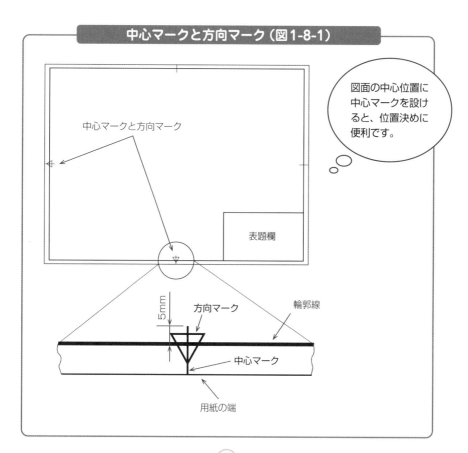

## 中心マークと方向マーク（図1-8-1）

中心マークと方向マーク

図面の中心位置に中心マークを設けると、位置決めに便利です。

表題欄

方向マーク

輪郭線

5mm

中心マーク

用紙の端

# 1-9 表題欄

図面には、図名（図面の名称）、図番、投影法、尺度、作成元、作図者名などの情報を記入するための**表題欄**を設けます。

## 表題欄とその位置

図面の右下部分に**表題欄**を設けた例を、図1-9-1に示します。

### 表題欄を設けた例（図1-9-1）

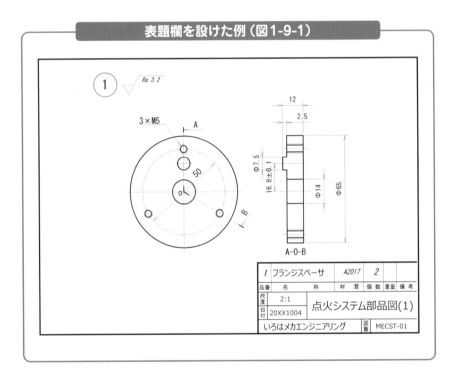

| 1 | フランジスペーサ | | A2017 | 2 | | |
|---|---|---|---|---|---|---|
| 品番 | 名 称 | | 材 質 | 個 数 | 重量 | 備 考 |
| 尺度 | 2:1 | | 点火システム部品図(1) | | | |
| 日付 | 20XX1004 | | | | | |
| | いろはメカエンジニアリング | | | 図番 | MECST-01 | |

　表題欄の位置は、図1-9-2①に示すように、用紙を横長に置いたX型と、②に示すように縦長に置いたY型のいずれにおいても、表題欄を右下に設け、図の向きと表題欄の向きを一致させます。

　なお、表題欄があらかじめ印刷された用紙を使用する場合は、図1-9-2③に示すように、X型用紙を縦にしたもの、および④に示すようにY型用紙を横にしたものを用いることもできます。

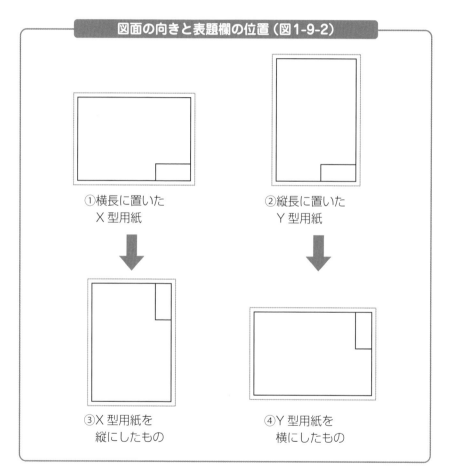

図面の向きと表題欄の位置（図1-9-2）

①横長に置いた
　X型用紙

②縦長に置いた
　Y型用紙

③X型用紙を
　縦にしたもの

④Y型用紙を
　横にしたもの

# 1-10 尺度

船、航空機などは、大きくて図面用紙に収まりません。その場合は小さく縮小して描きます。逆に、精密機器のパーツなど、非常に小さいものも実物大で描くことができません。その場合は大きく拡大して描きます。このように、尺度を変更して図面を描く際のルールについて説明します。

## 尺度の種類

JIS Z 8314（製図―尺度）によって、図面に描く大きさの尺度が定められています。尺度は、大きく分けると次の3種類があります。

---

現尺：図形＝実物　➡　実物と同じサイズで図形を描く

縮尺：図形＜実物　➡　実物よりも図形を小さく描く（大きいものを小さく描く）

倍尺：図形＞実物　➡　実物よりも図形を大きく描く（小さいものを大きく描く）

---

## 尺度の表し方

尺度は、比で表します。具体的には、1：1、1：2、5：1のように示します。このとき、A：Bの形式で示した尺度は、次のような意味を持ちます。

　　A ➡ 図形の大きさ
　　B ➡ 実物（品物）のサイズ

よって、次のようになります。

　　1：1 ➡ 図形＝実物なので現尺
　　1：2 ➡ 図形＜実物なので縮尺
　　5：1 ➡ 図形＞実物なので倍尺

## 尺度の表し方（図1-10-1）

描いた図形の大きさ          実物のサイズ

$$A : B$$

## 🔧 尺度に用いる数値

　縮尺や倍尺で描く場合、設計者が任意の尺度を選ぶと、使われる尺度が非常に多くなり煩雑になります。そのため、表1-10-1に示すように推奨尺度が定められています。尺度を変更して描く際には、推奨尺度の中から適切な尺度を選んで図面を作成します。

▼JIS Z 8314によって推奨される尺度（表1-10-1）

| 種別 | 推奨尺度 | | | | |
|------|------|------|------|------|------|
| 倍尺 | 50：1 | 20：1 | 10：1 | 5：1 | 2：1 |
| 現尺 | | | 1：1 | | |
| 縮尺 | 1：2 | | 1：5 | | 1：10 |
| | 1：20 | | 1：50 | | 1：100 |
| | 1：200 | | 1：500 | | 1：1000 |
| | 1：2000 | | 1：5000 | | 1：10000 |

## 🔧 尺度の表示

　「図面がどの尺度で描かれているのか」を示す必要があります。通常は、表題欄（図1-9-1）に示します。尺度が異なる図が含まれる場合は、表題欄には主たる尺度を示しておき、その尺度以外の図については、その図形のそばに尺度を記入します。

# 1-11 線の種類と使い方

図面には、図形のほかに寸法、記号などの情報が示されています。そのため、同じ線の種類で描くと、どれが図形でどれが寸法なのかの判断が難しくなったり、読み間違える可能性があります。そのため、複数の種類の線を用いて、それらの線に意味を持たせています。

 ## 線の太さ

図面における線は、線の種類と線の太さの組み合わせで示されます。

図面に用いる線の太さは、細線、太線、極太線の３種類です。これらの太さの比率は、次のように定められています。

細線（細い線）　：　太線（太い線）　：　極太線（極太の線）
　　1　　　　：　　　2　　　　：　　　　4

また、線の太さは、次の９種類の中から選びます。

0.13, 0.18, 0.25, 0.35, 0.5, 0.7, 1, 1.4, 3 （mm）

例えば、一般的な品物を製図する際には、次の太さを用います。

・細線　　：0.35mm（手書きの場合、太さ0.3mmのシャープペンシルを使う）
・太線　　：0.7mm　（手書きの場合、太さ0.7mmのシャープペンシルを使う）
・極太線　：1.4mm　（手書きの場合、太さ0.7mmのシャープペンシルで二度書きする）

このように、手書きで描く場合のシャープペンシルの芯の太さでイメージするとわかりやすいでしょう。一般的に、文字を書くのに使われているシャープペンシルの太さは0.5mmですが、製図における細線は0.3mmと細く、太線は0.7mmで太いことがわかります。

**線の種類**

　図面に用いる線の種類は、図1-11-1に示す4種類が基本となり、線の太さとの組み合わせなどによって様々な意味を持たせてあります。

線の種類（図1-11-1）

―――――――――――――――――　実線（じっせん）

・・・・・・・・・・・・・・・・・　破線（はせん）

―・――・――・――・――・――　一点鎖線（いってんさせん）

―・・――・・――・・――・・――　二点鎖線（にてんさせん）

　破線、一点鎖線、二点鎖線を引く際の点や線の長さの一例を、図1-11-2に示します。線の間隔や長さが、図1-11-2に示す値（目安）と大きく異なると、図面の誤読につながる可能性があるため注意が必要です。

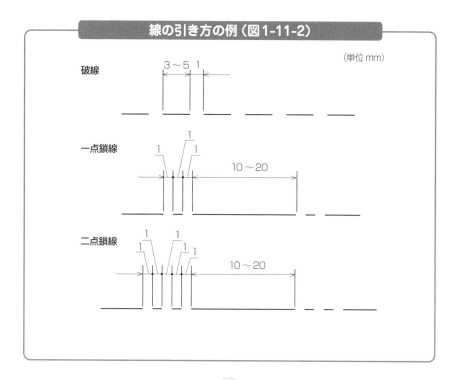

線の引き方の例（図1-11-2）

（単位 mm）

破線

一点鎖線

二点鎖線

　以上で示した線の太さと線の種類の組み合わせによって、具体的には表1-11-1に示される線が用いられます。

▼図面における線の用途（表1-11-1）

| | 線の用途 | 線の種類 | 見本 |
|---|---|---|---|
| ① | 外形線 | 太い実線 | ─────────── |
| ② | 寸法線 | 細い実線 | |
| ③ | 寸法補助線 | | |
| ④ | 引出線 | | ─────────── |
| ⑤ | 回転断面の外形<br>（図形内に描く場合） | | |
| ⑥ | 短い中心線 | | |
| ⑦ | 中心線 | 細い一点鎖線 | ── ─ ── ─ ── |
| ⑧ | 軌跡線・ピッチ線 | | |
| ⑨ | 特殊指定線 | 太い一点鎖線 | ━━ ━ ━ ━━ ━ |
| ⑩ | かくれ線 | 細い破線<br>太い破線 | - - - - - - - -<br>━ ━ ━ ━ ━ ━ |
| ⑪ | 破断線 | 不規則な波形の細い実線 | 〜〜〜〜〜〜 |
| | | ジグザグ線 | ──／\──／\── |
| ⑫ | 想像線 | 細い二点鎖線 | ── ‥ ── ‥ ── |
| ⑬ | 切断線 | 細い一点鎖線で端部と角を太くする | |
| ⑭ | ハッチング | 細い実線を斜めに規則的に並べる | |

以下に、各線の使用例を示します。

### ①外形線：太い実線

図1-11-3の①に示すように、品物の形状を外形と呼びます。つまり、品物を形づくっている線、実体として存在する線は、すべて太い実線で描きます。

### ②寸法線／③寸法補助線：細い実線

品物の寸法を記入するとき、図1-11-3の③に示すように細い実線で寸法補助線を引いて、そこに②のように細い実線で寸法線を引いて寸法数値を入れます。

### ④引出線：細い実線

図中に記号や記述を入れたり、狭い部分に寸法を入れたり、品物の特定の位置や面などを指定して情報を記す際などに、片側に矢印がついた線で引き出したあとで、そこに記号や情報を記入することがあります。これを、引出線といいます。引出線は、図1-11-3④に示すように細い実線で描きます。

### ⑤回転断面の外形：細い実線

図1-11-3の⑤は、このアームの断面形状を図形中に描いたもので、詳しくは第4章で学びます。この場合、細い実線で断面形状を示します。

### ⑥短い中心線：細い実線

中心線は、⑦に示すように細い一点鎖線で示します。ただし、短い中心線の場合には一点鎖線を描かず、単に細い実線で表すことができます。

### ⑦中心線／⑧軌跡線：細い一点鎖線

工業製品に使われている個々の部品を見ると、左右や上下が対称なものが多くあります。そのような場合、対称形の対称中心を表すのに、⑦に示す中心線を用います。中心線は、細い一点鎖線で引きます。

また、⑧に示すように、品物の軌跡を示す線も細い一点鎖線で描きます。

## ⑨特殊指定線：太い一点鎖線

部品の一部に特殊な加工を施す場合などは、⑨に示すように、外形線から少し離して平行に太い一点鎖線を引いて指示します。これを、特殊指定線といいます。例えば、軸の一部分に焼入れを施す場合などに、特殊指定線を引いて指示します。

## ⑩かくれ線：細い破線または太い破線

隠れて見えない線を示したいときには、⑩のように細い破線または太い破線で、隠れて見えない部分の形状を示すことができます。なお、かくれ線は太線と細線のいずれも使えますが、同じ図形内ではどちらかの太さに統一して描くのが好ましいです。

## ⑪破断線：不規則な波形の細い実線またはジグザグ線

⑪に示すように、品物を仮想的に切って、品物の一部を取り去って図を描く際に、破断線を用います。破断線を用いることで、部分的に断面にして描いたり、不要な部分を省略したりすることができます。

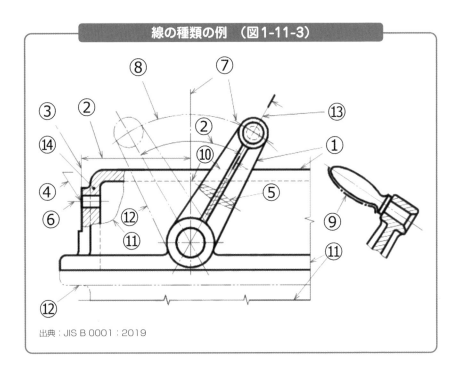

**線の種類の例 （図1-11-3）**

出典：JIS B 0001：2019

図1-11-4に示すように、ケース状の物体を矢印の方向から投影すると、図 (a) のように見えます。この図では、内部の構造はわかりません。そこで、かくれ線を使って図 (b) のように描くと、ケースの内部構造がわかります。また、図 (c) のように破断線を使って部分的に断面にすることによっても、内部の構造を示すことができます。

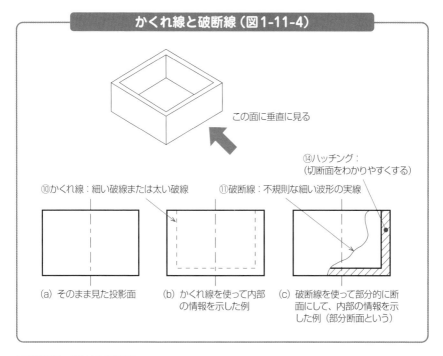

**かくれ線と破断線（図1-11-4）**

この面に垂直に見る

⑭ハッチング：
（切断面をわかりやすくする）

⑩かくれ線：細い破線または太い破線　　⑪破断線：不規則な細い波形の実線

(a) そのまま見た投影面　　(b) かくれ線を使って内部の情報を示した例　　(c) 破断線を使って部分的に断面にして、内部の情報を示した例（部分断面という）

**⑫想像線：細い二点鎖線**

図1-11-3⑫に示す二点鎖線は、アームの可動範囲や隣接して存在する別の品物の形状を想像で描いたものです。このような場合、細い二点鎖線を用いて描きます。想像線は、次のような場合に必要に応じて使用されます。

（1）隣接するほかの部分を参考として表すとき ［図1-11-5(a)］
（2）加工の際、工具などが来る位置を参考として表すとき ［図1-11-5(b)］
（3）加工前・加工後の状態を参考として表すとき ［図1-11-5(c)］
（4）可動部がある場合に、可動範囲を参考として表すとき ［図1-11-3⑫］
（5）断面を図示する際に取り去られた、手前にある形状を示したいとき

## 想像線の使用例（図1-11-5）

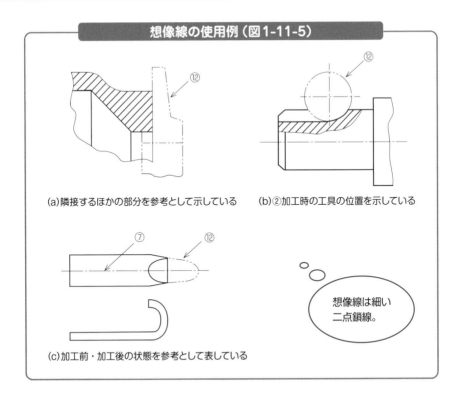

(a)隣接するほかの部分を参考として示している

(b)⑫加工時の工具の位置を示している

(c)加工前・加工後の状態を参考として表している

想像線は細い
二点鎖線。

### ⑬切断線：細い一点鎖線で端部と角を太くする

　機械や電子機器などでは、その性能や機能を決める重要な構造は内部にあることが多いです。そのため、内部構造を明確に表す必要上、断面で図面を描くことが多いです。一口に断面といっても、「どこで切った断面なのか？」が大切です。例えば、図1-11-6に示すように、ブロック状の本体に穴やねじの加工がなされる場合で考えます。

　この場合、3つの穴の断面構造を示すため、階段状に断面を切ったりします。このとき、細い一点鎖線で切断線を示します。切断線は中心線と同じ線種であるため、切断線のはじめ、終わり、角度が変わる場所を太くして区別します。

### ⑭ハッチング：細い実線を斜めに規則的に並べる

　図形の中で、特定の部分を他の部分と区別（強調）して示したいときに、ハッチングを施す場合があります。例えば、図1-11-3⑭および図1-11-4(c)、および図1-11-5(a)(b)では、破断線で部分断面にした結果現れた切断面にハッチングを施して、切断面であることを明確にしています。

## 切断線の例（図1-11-6）

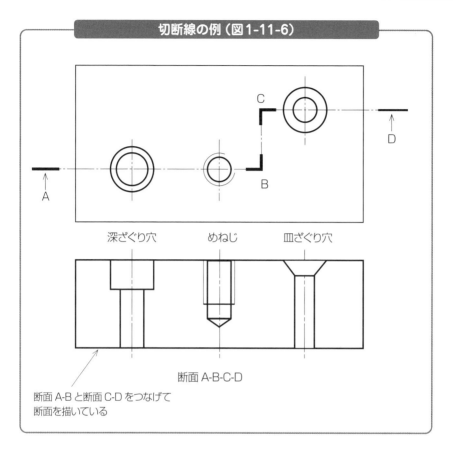

深ざぐり穴　　めねじ　　皿ざぐり穴

断面 A-B-C-D

断面 A-B と断面 C-D をつなげて
断面を描いている

### 名人からの アドバイス

### 線の種類と太さ

　図面には図形、寸法、記号などが描かれ、異なる線の種類と太さを使用して情報を区別します。線の太さは細線、太線、極太線の3種類で、線の種類には実線、破線、一点鎖線、二点鎖線などがあり、それぞれ特定の目的や情報を示すために使用されます。

　例えば、外形線は太い実線、寸法線や引出線は細い実線、中心線や軌跡線は細い一点鎖線で描かれます。

　また、部分的に断面を示す際には破断線（不規則な波形の細い実線またはジグザグ線）を使用し、特殊な指定がある部分を示すために特殊指定線（太い一点鎖線）を使用します。

# 1-12 製図の文字

図面に用いる文字は、JIS Z 8313で規定されています。JIS Z 8313では、書体、文字の高さ、文字の太さ、文字の間隔などが詳細に規定されています。実際の作図においては、読み間違いがないように文字を記入することが重要です。

## 文字の記入

図面に示される文字を製作者が読み間違えると、設計者が意図したものと異なる品物ができ上がってきます。このような事態を防ぐためにも、文字は第三者が正しく読み取れるように記入する必要があります。

---

· 読みやすい大きさの文字で記入する。

· 大きさ、太さ、間隔などを均一にそろえる。

· 複写した際にもはっきり写る書体を用いる。

---

文字高hさは、次のように規定されています。

漢字：文字高さ3.5mm、5mm、7mm、10mmの4種類
ひらがな、カタカナ、数字、ラテン文字、記号：文字高さ2.5mm、3.5mm、5mm、7mm、10mmの5種類

なお、漢字は常用漢字を用い、16画以上の角数が多い漢字は仮名書きにしたほうがよいとされています。また、ひらがなとカタカナはどちらも使用できますが、一連の図面で両方を混用することは避けます。

書体の例はJIS Z 8313を参照してください。CAD＊ソフトでは、使用可能なフォントの中から上記の注意事項を参考に、読み取りやすいフォントと文字サイズを使うとよいでしょう。

---

＊**CAD**　　Computer Aided Designの略。

# 投影法の基本

　物体の形状を図面上に表すには、様々な方法が
あります。これらは投影法として分類されていま
す。図面の読み描きをする際は、図面で用いられ
る投影法を理解していることが重要です。ここで
は、投影法の種類と概要を説明した上で、図面に
用いられる投影法の導入をします。

# 2-1 投影法

スクリーンの前に三次元形状の物体を置いて、そこに光を照射すると、物体の形状が浮かび上がってきます。これを**投影法**と呼びます。このとき、光を放出する光源の形態、光の向き、品物の置く位置によって、投影される像が異なります。

## 投影

品物の形状を投影する方法は、次の3つの要素の組み合わせで分類されます。

①投影線（光線）の種類　　：**平行光線**で投影するか、それとも**放射光線**で投影するか。

②品物と投影面の位置関係：品物の面を投影面に対して**平行に置く**か、それとも**斜めに置く**か。

③投影面と投影線（光線）の関係：光線に対して品物の**投影面**を**直角に置く**か、それとも**斜めに置く**か。

以上の組み合わせによって、投影法は図2-1-1のように分類されます。

図に示すように、投影法は投影線（光線）が平行光線か放射光線かの違いによって、**平行投影**と**透視投影**に分かれます。

平行投影は、投影面に対して平行光線を当てるのですが、その際に平行光線を投影面に直角に当てるか斜めに当てるかで、直角投影と斜投影に分かれます。斜投影は、カバリエ図とキャビネット図に分かれます。この2つの違いは、奥行き方向の長さをどの程度で描くかです。

直角投影は、投影面に対して品物をどのような向きで置くかによって**正投影**と**軸測投影**に分かれます。軸測投影は、品物自体を投影面に対して傾けて置くことで、奥行き方向の三次元的な形状を表しています。なお、このときの傾け方（角度）によって**等角投影**と**不等角投影**に分けられます。

　正投影法は、投影面に対して品物の面を平行に置き、さらに平行光線を直角に当てるもので、**第三角法**と**第一角法**があります。正投影法は、複数の投影図を用いることで、品物の形状を正確に表すことができます。このとき、複数の投影図の配置によって、第三角法と第一角法に分かれます。

## 投影法の分類（図2-1-1）

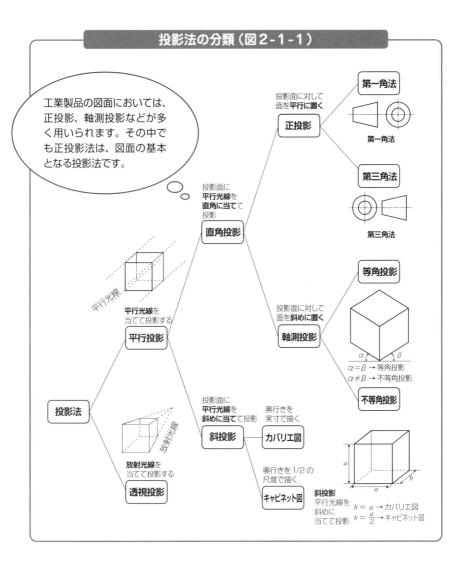

工業製品の図面においては、正投影、軸測投影などが多く用いられます。その中でも正投影法は、図面の基本となる投影法です。

投影面に対して面を**平行に置く**
正投影
第一角法
第一角法
第三角法
第三角法

投影面に**平行光線を直角に当てて**投影
直角投影
平行光線

**平行光線を当てて投影する**
平行投影

投影面に対して面を**斜めに置く**
軸測投影
等角投影
$\alpha = \beta \rightarrow$ 等角投影
$\alpha \neq \beta \rightarrow$ 不等角投影
不等角投影

投影法

投影面に**平行光線を斜めに当てて**投影
斜投影
奥行きを実寸で描く
カバリエ図
奥行きを1/2の尺度で描く
キャビネット図

放射光線
**放射光線を当てて投影する**
透視投影

斜投影
平行光線を斜めに当てて投影
$b = a \rightarrow$ カバリエ図
$b = \dfrac{a}{2} \rightarrow$ キャビネット図

# 透視投影と平行投影

透視投影と平行投影の違いは、投影線（光線）が放射光線か平行光線かです。透視投影では、放射光線で投影をするため、奥行き方向に広がった形状になります。

## 透視投影と平行投影の違い

直方体のブロックを透視投影で描くと、図2-2-1のようになります。街中で景色やビルなどを眺めると、遠くにあるものほど小さく見えます。つまり、透視投影では、人が見たような図形を描くことができます。そのため、主に建築物件の完成予想図、部屋の見取り図、都市などの景観図、造形デザインなどの図面で用いられています。透視投影は、英語でPerspective Projectionであることから、**パース**とも呼ばれています。

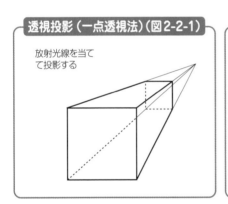

**透視投影（一点透視法）（図2-2-1）**

放射光線を当てて投影する

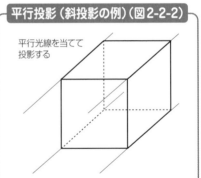

**平行投影（斜投影の例）（図2-2-2）**

平行光線を当てて投影する

透視投影で示した品物と同様の直方体のブロックを平行投影で描くと、図2-2-2のようになります。この図は、平行投影の中の斜投影を使って描いた例です。平行投影では、物体に放射光線ではなく平行光線を当てていることが特徴です。平行光線であるため、奥行き方向にサイズが変化しません。厳密には人の見え方とは違ってきますが、形状は十分に理解できます。また、平行投影のほうが描きやすいことから、機械図面などのものづくりの図面では、平行投影を用いて立体図を描きます。例えば、製品の取扱説明書、サービスマニュアル、パーツリストなどにはその製品や部品の形状を描いて説明がなされますが、その際の立体図は透視投影ではなく、斜投影や等角投影などの平行投影で描かれていることが多いです。

# 2-3 斜投影と直角投影

平行投影は、**斜投影**と**直角投影**に分かれます。どちらも平行光線で投影することは同じですが、両者は投影面に対する平行光線の当て方が違います。斜投影では、平行光線を投影面に対して斜めに当てます。直角投影では、投影面に対して平行光線を直角に当てます。

## ⚙ 斜投影

1辺の長さが等しい立方体を斜投影で描くと図2-3-1のようになります。品物の主要な面（図でグレーに塗られている面）を投影面と平行に置き、そして平行光線を斜めから投射して奥行き方向の形状を表して立体図にします。

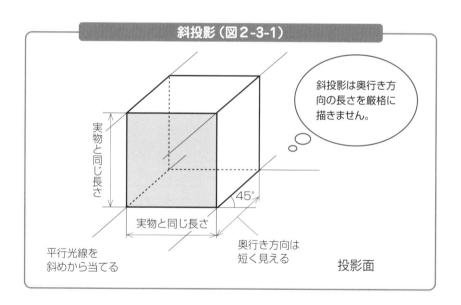

斜投影（図2-3-1）

斜投影は奥行き方向の長さを厳格に描きません。

実物と同じ長さ

45°

実物と同じ長さ

平行光線を斜めから当てる

奥行き方向は短く見える

投影面

このとき、奥行き方向の長さSをどうするかによって、**キャビネット図**と**カバリエ図**に分けられます。厳密に奥行きを描く場合、45°の斜面の長さは$1/\sqrt{2} \fallingdotseq 0.7$であるので、奥行き方向Sは実長の0.7倍で描けばよいことになります。

ただし、そもそも斜投影は奥行き方向の長さを厳格に描く必要はありません（品物の立体的な形を示せればよいため）。

そこで、キャビネット図では、奥行長さSを、実寸法の1/2（半分）で描きます。カバリエ図では、Sの部分の寸法を実寸法と同じ長さで描きます。そのため、カバリエ図で描いた場合、実際に目で見た場合に比べて奥行き方向が長く描かれます。

立方体をキャビネット図とカバリエ図で描くと図2-3-2のようになります。

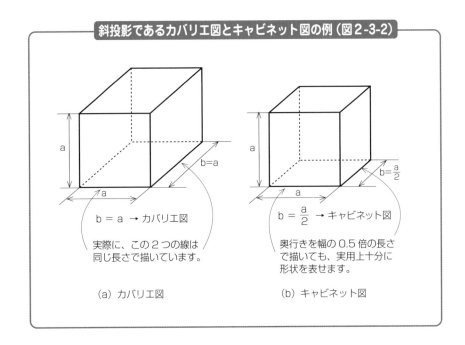

**斜投影であるカバリエ図とキャビネット図の例（図2-3-2）**

$b = a$ → カバリエ図

実際に、この2つの線は
同じ長さで描いています。

（a）カバリエ図

$b = \dfrac{a}{2}$ → キャビネット図

奥行きを幅の0.5倍の長さ
で描いても、実用上十分に
形状を表せます。

（b）キャビネット図

# 2-4 軸測投影

斜投影では、奥行き方向の形状を出すために平行光線自体を斜めから当てています。直角投影の一種である軸測投影では、平行光線を投影面に直角に当てる代わりに、品物自体を投影面に対して傾けて置くことで、奥行き方向の立体形状を表します。

## 軸測投影

図2-3-2で示した立方体を軸測投影で描くと、図2-4-1のようになります。

図中の $\alpha$ と $\beta$ の角度がともに30°の等角になるような向きで物体を置いた場合を**等角投影**と呼び、$\alpha$ と $\beta$ の角度が同じでない場合を**不等角投影**と呼びます。

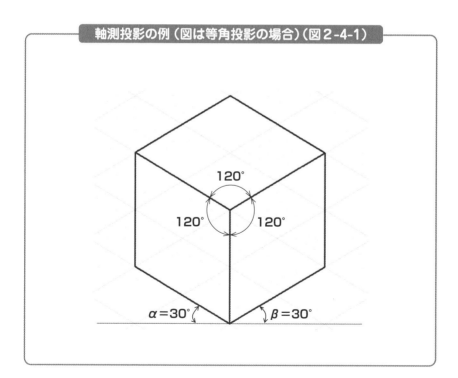

軸測投影の例（図は等角投影の場合）（図2-4-1）

2

投影法の基本

51

# 2-5 正投影法が必要になる理由

　これまでに説明した投影法は、いずれも1枚の投影図で立体的な形状を表す投影法です。これらの投影図を見れば、その品物がどのような形をしているのかは一目瞭然です。しかしながら、品物の正確な形状を表せるわけではありません。

## 立体図だけでは不足する理由

　図2-5-1に、軸測投影法である等角投影で描いたブロック状の品物を示します。この図を見ると、斜面や段差のあるブロック状の品物であることはわかります。しかしながら、斜面の角度、奥行き方向の実際の長さ、右下の段差部にある円弧の形状などは、正確にはわかりません。

　そのため、特にものづくりの図面においては、三次元の詳細な形状を正確に表すことが可能な、正投影法を用いて図面を描くことが基本となります。

---

### 立体図のメリットとデメリット（図は等角投影で描いた例）（図2-5-1）

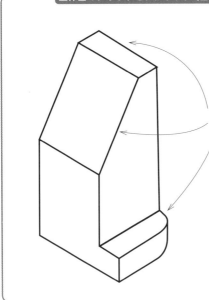

・利点
・形状は直観的にイメージしやすい
➡斜面、段差、円弧を持つブロック状の品物である

・欠点
・線の長さが実際の長さと違う
・斜面の角度が不明
・円弧の正確な形状が不明
・裏面など、見えない部分の形状が不明

正投影法とは、次のような投影法を指します。

## 正投影法とは

**正投影法**とは、品物のある面に**垂直**に**平行光線**を当てることで、その面の形状を投影する方法です。

正投影法では、着目した面の投影図を実寸法で二次元図形として得ることが可能です。その代わり、投影面以外の面の形状はわかりません。そのため、正投影法では複数の方向から投影して三次元形状の品物の形状と寸法を正確に表現します。

2

投影法の基本

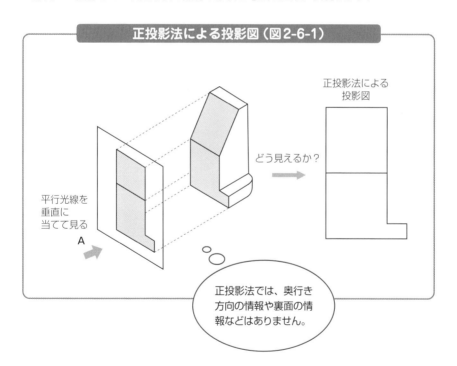

**正投影法による投影図（図2-6-1）**

正投影法による
投影図

どう見えるか？

平行光線を
垂直に
当てて見る
A

正投影法では、奥行き
方向の情報や裏面の情
報などはありません。

正投影法による投影図を具体例を使って見ていきましょう。図2-6-1に示すように、段差や斜面や円弧を持つ三次元形状の品物に対して、Aの方向から垂直に平行光線を当てて形状を見ると、図のグレーに塗られた部分だけが見えます。これが、正投影法による投影図です。

正投影法を用いることで、Aから見た面の形状が実寸法で正確に表されます。しかし、奥行き方向の情報や、裏面の情報などはありません。そこで正投影法では、**複数の投影面を用いて**三次元の品物の形状を表します。

このとき、複数の投影面を並べる方法に、「第三角法」と「第一角法」の2種類があります。

---

### COLUMN キャビネット図とカバリエ図

製図は、設計者と製造者が理解しやすいように、アイデアや概念を視覚的に表現する方法を提供します。

平行投影の中の斜投影に属するキャビネット図とカバリエ図は、2種類の異なる投影法を表現するもので、それぞれが異なる目的と利点を持ちます。これらの図は、3Dオブジェクトを2Dの平面に描画する際に非常に役立ちます。

キャビネット図は、機械製図の中でよく使用される投影の1つであり、特に箱型の品物を立体的に描く際に有用です。

キャビネット図は、視覚的に訴える三次元の表現を提供するため、概念設計の段階で特に役立ちます。

この図法においては、深さは実際の半分に縮小され、幅と高さは実際の寸法を用います。この方法により、図は三次元でありながらも、比較的簡単に描画できます。

一方、カバリエ図は、品物の正確な寸法を保持しながら、三次元の表現を提供する方法です。カバリエ図では、1辺を正面にして描画し、他の2辺を45度の角度で描画します。これにより、品物の3つの主要な寸法、つまり幅、高さ、および深さが保持され、実際の寸法と同じ比率で表示されます。

この特性は、特に技術者や製造者にとって有用であり、製品の正確な寸法と形状を視覚的に理解するのに役立ちます。

これらの2つの図法は、機械製図の領域で異なるニーズを満たすことができ、設計者が視覚的にコンセプトを伝え、製品の詳細を正確に共有する手助けとなります。

キャビネット図は簡潔で視覚的に魅力的な表現を提供し、カバリエ図は寸法の正確さと技術的な詳細を提供することで、各図法がそれぞれの場面で有用であることを示しています。

# 2-7 第三角法と第一角法

　さいころには6つの面があります。つまり、三次元形状の物体を6方向から見れば、その品物の形状がわかります。そのため、正投影法の投影図は基本的に6面あります。

 **正投影法の投影面**

　図2-7-1で示した品物を6方向から見た投影図を考えてみましょう。Aから見た図を"正面"とします。これを**正面図**と呼びます。Aを正面として向き合ったとき、右から見た図は**右側面図**と呼びます。同じく左から見た図は**左側面図**です。上から見た図は**平面図**と呼びます。下から見た図は**下面図**と呼びます。最後に裏面から見た図を**背面図**と呼びます。このように、6方向からの投影図に名前がついています。

●Aを正面とした場合

　Aから見た図：**正面図**（主投影図とも呼ばれます）

　Bから見た図：**平面図**（上空から平面を眺めるイメージです）

　Cから見た図：**右側面図**

　Dから見た図：**下面図**

　Eから見た図：**左側面図**

　Fから見た図：**背面図**

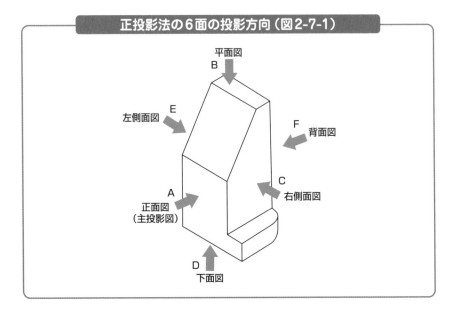

正投影法の６面の投影方向（図2-7-1）

平面図
B

左側面図　E

F　背面図

C
右側面図

A
正面図
（主投影図）

D
下面図

第三角法と第一角法とでは、これらの６面の投影図の配置が異なります。

## 第三角法

第三角法では、投影した方向の位置に、投影図をそのまま配置します。

名人からの
アドバイス

### 第三角法と第一角法

　正投影法の投影図は６面ありますが、三次元形状の物体を図面に描く際、基本的には必要最小限の面のみを描けばよいです。第三角法と第一角法は、同じ正投影法をもとにしていますが、投影図の配置が異なります。第三角法では、投影図を投影した方向の位置に配置します。第一角法では、平面図と下面図、右側面図と左側面図の配置が第三角法とは逆になります。

　図面では、内部構造を明確に表現するために断面図を描きますが、どの部分の断面なのかを明確に示すことが重要です。

具体的に、図2-7-2で見ていきましょう。

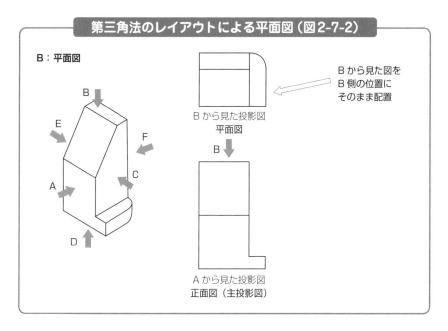

**第三角法のレイアウトによる平面図（図2-7-2）**

B：平面図

B から見た図を
B 側の位置に
そのまま配置

B から見た投影図
平面図

A から見た投影図
正面図（主投影図）

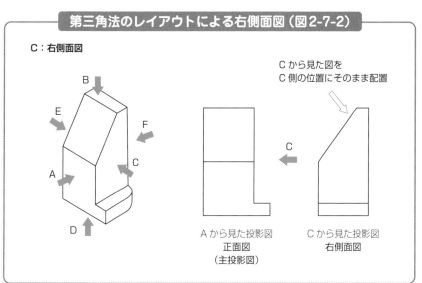

**第三角法のレイアウトによる右側面図（図2-7-2）**

C：右側面図

C から見た図を
C 側の位置にそのまま配置

A から見た投影図
正面図
（主投影図）

C から見た投影図
右側面図

## 第三角法のレイアウトによる下面図（図2-7-2）

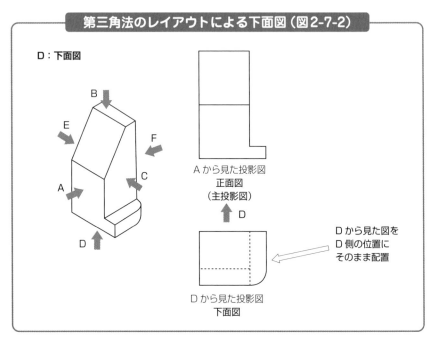

D：下面図

A から見た投影図
正面図
（主投影図）

D

D から見た投影図
下面図

D から見た図を
D 側の位置に
そのまま配置

## 第三角法のレイアウトによる左側面図（図2-7-2）

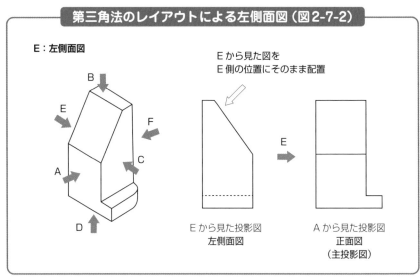

E：左側面図

E から見た図を
E 側の位置にそのまま配置

E から見た投影図
左側面図

E

A から見た投影図
正面図
（主投影図）

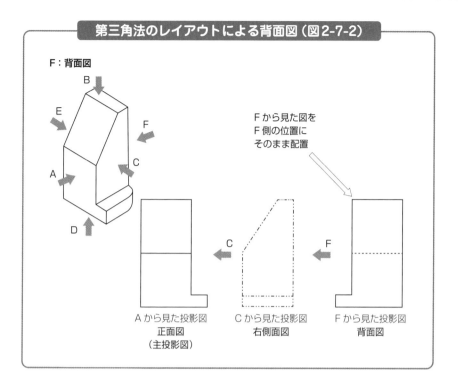

第三角法のレイアウトによる背面図（図2-7-2）

F：背面図

F から見た図を
F 側の位置に
そのまま配置

A から見た投影図
正面図
（主投影図）

C から見た投影図
右側面図

F から見た投影図
背面図

以上をまとめると、第三角法のレイアウトは図2-7-3のようになります。

実用的な工業製品の多くは、要求される機能を満足した上で、できる限りシンプルな形状や構造を持っているほうが、製作が容易でコストと信頼性が高いといえます。

そのため、対称形をした品物が多いです。正投影法の投影図は6面ありましたが、毎回必ず6面を描くわけではありません。投影図の数は、「必要最小限」にすればよいのです。

実際に、3方向から投影すると品物の形状を表せることが多いです。そのため、正面図、平面図、右側面図の3面を**三面図**と呼びます。

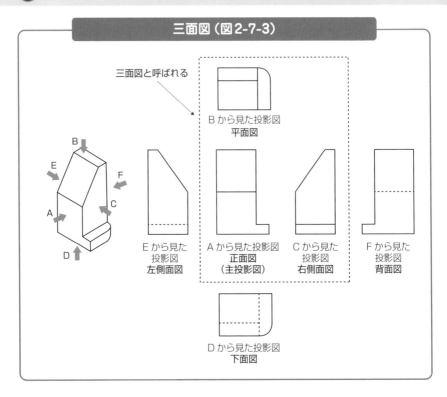

三面図（図2-7-3）

三面図と呼ばれる

Bから見た投影図
平面図

Eから見た
投影図
左側面図

Aから見た投影図
正面図
（主投影図）

Cから見た
投影図
右側面図

Fから見た
投影図
背面図

Dから見た投影図
下面図

　第三角法のレイアウトは、アメリカで発達した画法で、**アメリカ式画法**とも呼ばれます。第三角法は、投影の方向と投影図の配置がわかりやすく合理的なため、機械図面などで広く用いられています。

## 第一角法

　次に、第一角法のレイアウトを説明します。第一角法も第三角法と同じ投影法（正投影法）ですので、投影図は第三角法とまったく同じです。第三角法と異なるのは、投影図の配置です。

　第三角法のレイアウトにおいて、平面図と下面図、右側面図と左側面図を入れ替えると、第一角法のレイアウトになります（図2-7-4）。

　第一角法は、イギリスで発達した画法であり、ヨーロッパを中心に普及してきました。そのため、第一角法は**イギリス式画法**とも呼ばれます。

## 第一角法のレイアウト（図2-7-4）

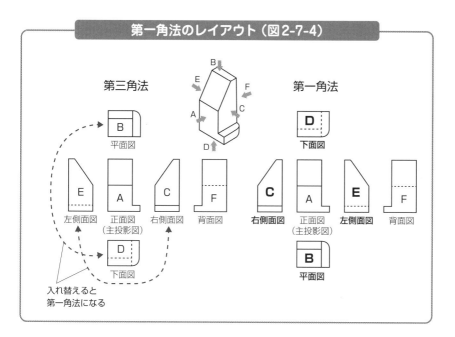

第三角法

B 平面図

E 左側面図　A 正面図（主投影図）　C 右側面図　F 背面図

D 下面図

入れ替えると
第一角法になる

第一角法

D 下面図

C 右側面図　A 正面図（主投影図）　E 左側面図　F 背面図

B 平面図

2
投影法の基本

---

**COLUMN 投影法の発達の歩み**

　**第三角法**は、アメリカで発達した投影法であり、もともとは工業製品の製図や設計における明瞭さと効率性を追求するアメリカの技術者たちによって生み出されました。

　この方法は、「投影した方向の位置に投影図をそのまま配置する」という直感的なルールに従っています。これにより、第三角法はアメリカを中心に広まり、工業製図の現場でより迅速かつ明確なコミュニケーションを実現するための重要なツールとなりました。

　**第一角法**はイギリスで発達し、ヨーロッパ全土にその利点が認識されるようになりました。第一角法は、投影図の配置において「平面図と下面図、右側面図と左側面図の位置が第三角法とは逆」という特徴を持ち、これによって製図者や技術者にとって視覚的に理解しやすい配置を提供していきました。

　ヨーロッパの伝統的な、精密さと合理性が求められる工業分野において、第一角法は当地の技術者たちによって広く採用され、製図の標準として定着していきました。

# 2-8 投影法の明示

国際規格ISOでは、第一角法と第三角法の両方が規定されています。JISにおいても、ISOに準拠してJIS Z 8316（製図─図形の表し方の原則）において第三角法と第一角法の双方を用いることが可能になりました。ただし、JISの機械製図（JIS B 0001）では、第三角法を用いることにしています。

## 投影法の区別

通常は第三角法の図面を扱うことが多いと思いますが、第一角法が用いられるケースもあります。第三角法と第一角法とでは、図の配置が異なるだけです。そのため、図面が第三角法で描かれているか、それとも第一角法で描かれているかを明示することが重要です。

投影法を表す記号を、図2-8-1に示します。図の上部に示すような、両面が平面になっている円錐（円錐台）をモデルに、その投影図を表して記号化したものと考えてください。円錐台のAから見た図に対して、Bから見た図は、上底部と下底部とで二重円に見えますが、その配置がそれぞれ第三角法と第一角法になっています。

図面を読む際、最初にこの記号を確認することで、この図面がどのような配置になっているかを理解することができます。

### 名人からのアドバイス

#### 投影図の配置

国際規格（ISO）およびJISは第一角法と第三角法の両方を認めていますが、わが国の機械製図では主に第三角法が用いられています。図面の投影法は、図面の配置に影響を与え、どの投影法で描かれているかを明示することが重要です。図面を読む際には、投影法を示す記号を最初に確認することで、図面の投影法を理解できます。

## 第三角法と第一角法の記号（図2-8-1）

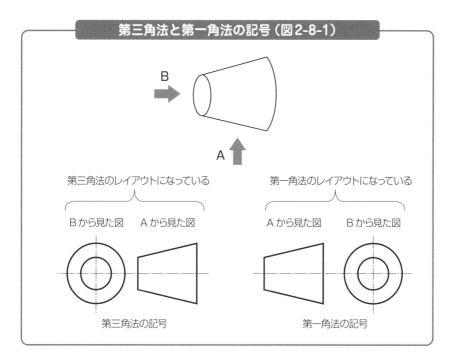

B

A

第三角法のレイアウトになっている

Bから見た図　Aから見た図

第三角法の記号

第一角法のレイアウトになっている

Aから見た図　Bから見た図

第一角法の記号

2 投影法の基本

### 補助的な投影図

　正投影法で基本形状を表現する際、補助投影図、部分投影図、および局部投影図の3つの補助的な投影図を利用することで、特定部分や斜面の詳細を明確に描くことが可能になります。補助投影図は、斜面の実寸法形状を明示し、部分投影図は必要な部分のみを破断線で切り取って表示します。局部投影図は、品物の特定の局部を描くことで、形状理解や製作をより容易にします。

# Memo

# 図形の表し方

正投影法である第三角法を用いて図形を描く
ことが、図面の基本となります。また、形状を正
しく、わかりやすく示すために、補助となる投影
法が用いられます。ここでは、正投影法を用いて
品物の形状を表す方法を学びます。

# 3-1 正面図（主投影図）の選び方

正投影法では、6方向から見た投影図を用いて形状を表します。その際、正面図を中心として、その他の方向から見た投影図を並べています。つまり、**正面図**がその品物の主たる投影図とされ、**主投影図**とも呼ばれます。図面を描く際、正面図は次のように選ばれます。

##  正面図の選び方

正面図には、**品物の形状や機能などの特徴を最も表す面**、つまり**最も情報量が多い面**を採用します。そのため、品物の常識的な正面が正面図になるとは限りません。

例えば、タンクローリーを考えると、"常識的な正面"はヘッドランプが見える側です。しかし、前から見るよりも横から見たほうが、そのタンクローリーの形式や形状がよくわかります。そのため、図3-1-1に示すように、図面では"車両を横から見た"部分が主投影図となり、正面図に配置されます。

**タンクローリーの主投影図（図3-1-1）**

左側面図　　　　　主投影図　　　　　右側面図
　　　　　　　　（正面図）

自動車、バス、トラック、飛行機、新幹線、電車などを考えても、常識的な正面と、図面にレイアウトすべき正面図は異なることがわかります。

# 3-2 図形の向き

図面を描く際の向きは、「その品物の加工でメインとなる工程において置かれる向き」で決めるとよいでしょう。

 **加工用の図面の場合**

例えば、図3-2-1 (a) に示すように、旋盤を用いて丸棒の外面を削る場合、左側からチャックで旋盤に工作物を取り付けて、右側から刃 (バイト) を当てて削っていきます。そのため、図3-2-1 (a) のように右方向に細くなるような向きにします。(b) に示すように内面を削る際は、右に行くほど大きくなるように削られるため、このような向きで配置します。(c) のように、フライス盤や平削り盤などで平面を削って製作する品物の場合、横長方向に配置して、かつ削られる平面が正面に来るように配置します。

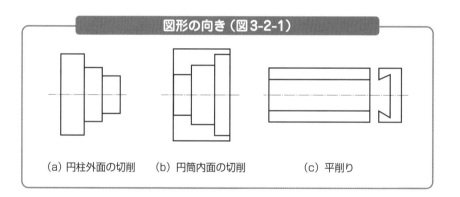

**図形の向き（図3-2-1）**

(a) 円柱外面の切削　　(b) 円筒内面の切削　　　　(c) 平削り

3

図形の表し方

# 3-3 投影図の数

前章で説明したとおり、投影図の数は必要最小限とします。

##  正面図だけで表せる例

　例えば、図3-3-1に示すように、丸棒を削って製作する品物の場合、「φ30」という寸法の指示によって、「直径30mmの円形」であることは明らかであるため\*、右側面図は描く必要がありません。そのため、このような場合は主投影図（正面図）のみで表すことができます。

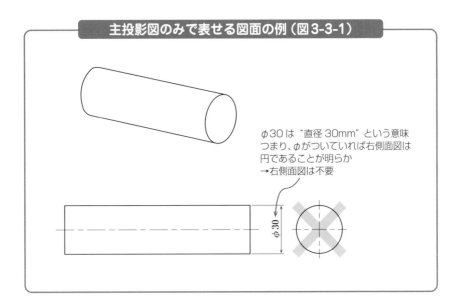

**主投影図のみで表せる図面の例（図3-3-1）**

φ30は"直径30mm"という意味
つまり、φがついていれば右側面図は
円であることが明らか
→右側面図は不要

φ30

---

\***～であるため**　　寸法の入れ方は第5章で学びます。

# 3-4 矢示法

第三角法と第一角法での図の配置は、第2章で学んだとおりに決められています。ただし、それとは異なる位置に図形を配置する必要がある場合は、**矢示法**を使うことでそれが可能になります。

## 矢示法によるレイアウト

図3-4-1に示すように、図形に矢印と記号を記して、その方向から見た投影図を、第三角法や第一角法とは異なる配置とすることができます。

例えば第三角法の場合、図中でAから見た投影図は、平面図として正面図の上に配置しなければなりません。しかしながら矢示法を用いた場合、AとBから見た図をいずれも任意の位置に配置できます。

このとき、投影図に記号A、Bを記すことで、どの方向から見た図なのか明示されているので、これで形状は判断できます。スペース的に投影図が配置できない場合などに使える便利な方法です。

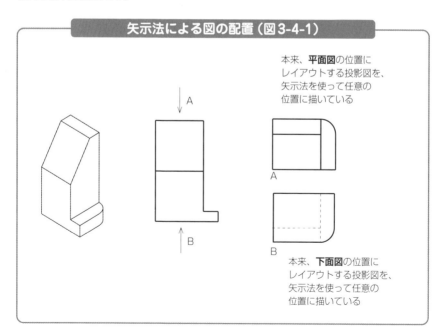

**矢示法による図の配置（図3-4-1）**

本来、**平面図**の位置にレイアウトする投影図を、矢示法を使って任意の位置に描いている

本来、**下面図**の位置にレイアウトする投影図を、矢示法を使って任意の位置に描いている

# 正投影法を補助する投影法

正投影法による6面の図で品物の基本形状を表すことができますが、そのほかに、正投影法による図を補助する図法があります。

## 補助投影図の必要性

図3-5-1に示すように、一部に斜面があって、斜面に垂直に円形の穴が開いているとします。このような物品の三面図を第三角法で描くと図3-5-1のようになります。

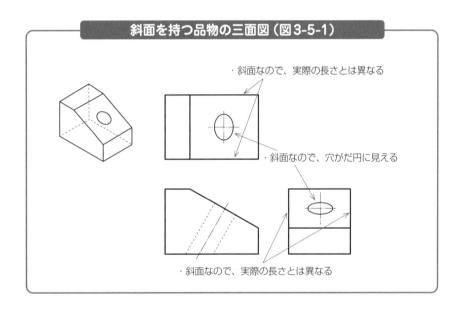

**斜面を持つ品物の三面図（図3-5-1）**

・斜面なので、実際の長さとは異なる

・斜面なので、穴がだ円に見える

・斜面なので、実際の長さとは異なる

この場合に、平面図と右側面図は斜面をそのまま見た投影図であるため、斜面の線の長さが実長よりも短く見えます。また、円はだ円に見えます。つまり、右側面図と平面図からは、形状はわかりますが、実寸法が表されていません。

このような場合は、斜面部の実形状を表すために、補助投影図を利用します。

**補助投影図**

　傾斜部の実形状を表すため、傾斜面に平行な投影面を設け、傾斜面を垂直方向から見た場合の投影図を描く方法を、**補助投影図**と呼びます。

　品物の斜面部の補助投影図を描くと、図3-5-2および図3-5-3のようになります。このように、補助投影図を用いると、斜面部の実寸法形状が表されるため、ここに必要な寸法などを記入すれば、形状理解や製作がより容易になります。

**3**

図形の表し方

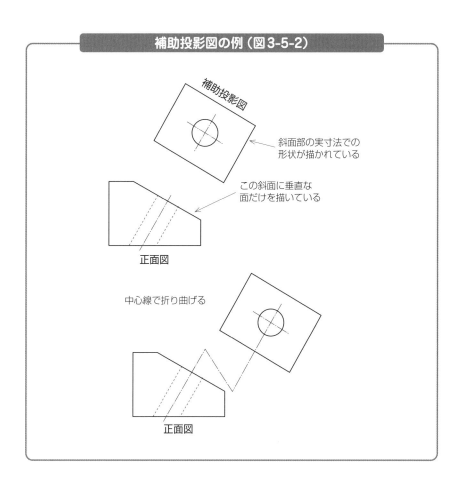

補助投影図の例（図3-5-2）

補助投影図

斜面部の実寸法での
形状が描かれている

この斜面に垂直な
面だけを描いている

正面図

中心線で折り曲げる

正面図

### 補助投影の対応位置に図を置けない場合（図3-5-3）

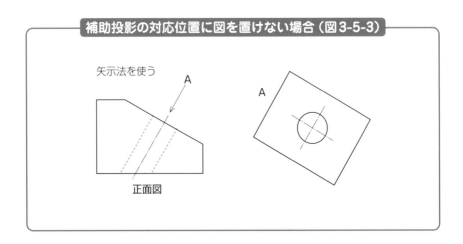

矢示法を使う

A

正面図

A

## 部分投影図が役立つ場面

　例として、段付きのシャフトの先端に、長穴状の溝（キー溝）がある品物を描くとします。第三角法で描くと図3-5-4のようになります。このとき、正面図を平面図と比べると、キー溝部分以外は同じなので、必要な部分だけを描けば十分だといえます。

### 先端部にキー溝を持つ段付きのシャフト（第三角法）（図3-5-4）

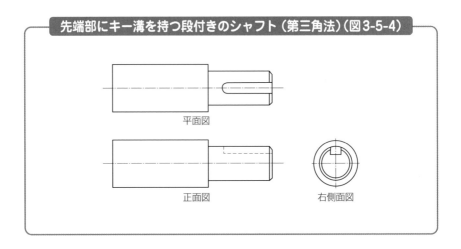

平面図

正面図

右側面図

部分投影図の使い方

　品物の一部分だけを示せばよい場合に、「破断線で任意の部分で切って、必要な部分だけを描く」方法を**部分投影図**と呼びます。

　このシャフトを部分投影図で描くと、図3-5-5のようになります。平面図の部分は、破断線で切り取って、キー溝が関係する部分のみを描いています。

## 部分投影図の例（図3-5-5）

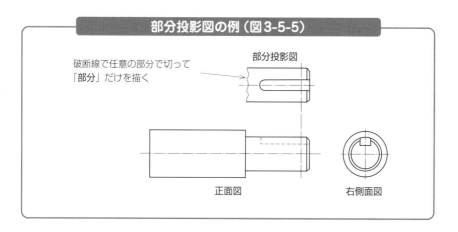

破断線で任意の部分で切って「部分」だけを描く　　部分投影図

正面図　　　　右側面図

**3**

図形の表し方

### 補助的な投影図の使い方

　正投影法で複雑な形状を持つ物品を描く際には、補助投影図が用いられ、斜面部の真の形状を表現します。また、特定部分のみを強調する場合は、部分投影図を使用して描画します。これにより、形状の理解や製作が容易になります。

## 局部投影図

　この方法は、部分投影図と同じように、必要な部分のみを描く方法です。部分投影図
では、描く部分を破断線で任意に切って描きます。一方の局部投影図では、品物を構成
する一局部を描きます。穴、溝などの完結した一局部の形状を描く際に用いられます。
　上記のシャフトを局部投影図で描くと、図3-5-6のようになります。部分投影図と似
ていますが、部分投影図は破断線で任意に切断した"部分"を描いています。局部投影
図は、"キー溝部分"というある完結した"局部"を描いています。

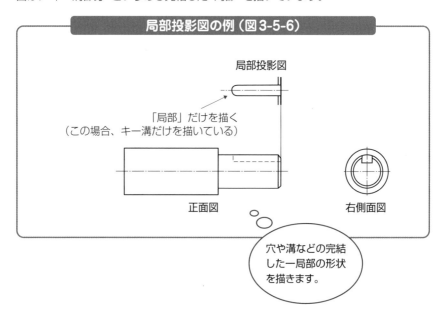

局部投影図の例（図3-5-6）

局部投影図

「局部」だけを描く
（この場合、キー溝だけを描いている）

正面図　　　　　　　　　　右側面図

穴や溝などの完結
した一局部の形状
を描きます。

# 3-6 図形などの省略

　図面は、正確でわかりやすく描かれている必要があります。ここでいう "正確"とは、「品物の形を忠実に再現すればするほどよい」という意味ではありません。形状や構造を忠実に再現しようとすると、かえって図面が複雑で読みにくくなったり、無駄な労力を使うことになります。必要に応じて図形や寸法指示などを省略して描くことも有効です。

##  対称図形

　図3-6-1に示すような、円盤状の物品があるとします。この円盤には、中央に大きな穴があり、また、同心円 (ピッチ円) 上に、小穴が等間隔に12個開けられているとします。このとき、次のことがわかります。

> 基本中心線に対して、上下対称、左右対称。
>
> ➡ 半分を省略したとしても、形状を正しく理解できる。

### 省略せずに描いた円盤状の物品 (図3-6-1)

左右対称

上下対称

全断面図で描いた
正面図

省略せずに描いた
右側面図

3

図形の表し方

　このような場合、**図形を半分省略**して描くことができます。この物品の場合、上下も左右も対称なので、どちらを省略することも可能です。

　しかし、正面図との対応を考えると、図3-6-2に示すように左半分を省略するのが最も合理的です。右半分を省略すると、正面図と背中合わせの配置になることに加えて、断面で描かれている正面図の切断面側を、右側面図で省略してしまうことになります。また、上下で省略した場合も、左側面図との対応がわかりにくくなります。

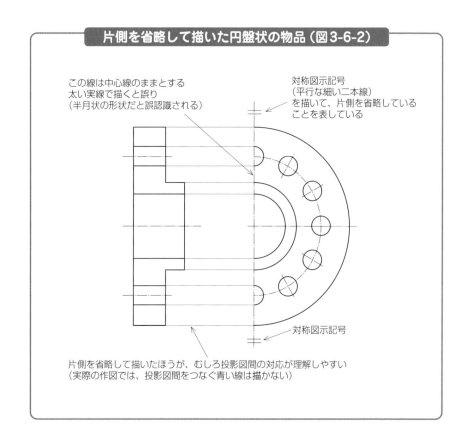

**片側を省略して描いた円盤状の物品（図3-6-2）**

この線は中心線のままとする
太い実線で描くと誤り
（半月状の形状だと誤認識される）

対称図示記号
（平行な細い二本線）
を描いて、片側を省略している
ことを表している

対称図示記号

片側を省略して描いたほうが、むしろ投影図間の対応が理解しやすい
（実際の作図では、投影図間をつなぐ青い線は描かない）

　図3-6-2は、右側面図の左側半分を省略して描いています。このとき、境界部分は中心線（細い一点鎖線）のままで描かれます。この部分を太い実線で描いてしまうと、半月状の物品だと誤認識される恐れがあり、適切ではありません。また、半分を省略していることを示すために、**対称図示記号**（平行な細い二本線）をつけます。

　対称となる中心軸の付近に、穴やキー溝などの特徴的な形状がある場合には、意図的に対称中心軸を少し越えて形状を示したほうが理解しやすい場合があります。その場合、対称図示記号は省略します。図3-6-3に、Vプーリー（4-2節参照）の断面図を例にとり、「(a) 対称図示記号を用いた場合」と「(b) 対称中心軸を少し越えて描く場合」の比較図を示します。

　(a) と (b) のいずれも、半分を省略していることを意味するので、覚えておきましょう。

**3**
図形の表し方

## 対称図形の省略法（図3-6-3）

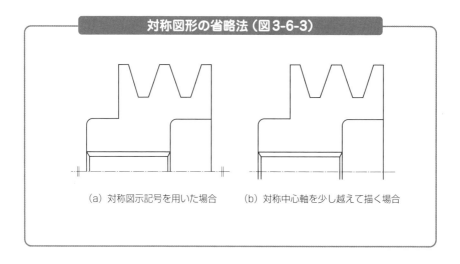

(a) 対称図示記号を用いた場合　　(b) 対称中心軸を少し越えて描く場合

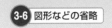

## 繰り返し図形の省略

図3-6-1に示した円盤には、小穴が等間隔で12個開けられています。つまり、次のことがわかります。

> 小穴は円周上に等間隔に12個開けられているので、
> 360°÷12＝30°となり、
> 小穴は30°ごとに等間隔で開けられていることがわかる。
> ➡ 小穴を開ける間隔を指示しなくてもわかる。
> ➡ 小穴を12個描かなくてもわかる。

このような場合、小穴を実際の形状もしくは太い十字などで一部だけ示して、それ以外の部分は穴が開けられる中心位置のみを示すことで、図面作成の手間を省きます。

描き方の例を図3-6-4に示します。寸法の意味は第5章で学びますが、引出線で描かれた数字は、直径10mmの穴が等間隔に12か所開けられていることを意味します。このようにすることで、作図の労力を少なくした合理的な図面が描かれます。

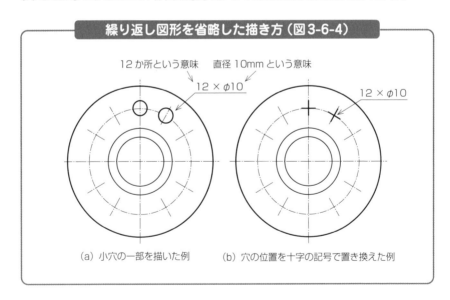

### 繰り返し図形を省略した描き方（図3-6-4）

12か所という意味　　直径10mmという意味

12 × φ10

12 × φ10

（a）小穴の一部を描いた例　　（b）穴の位置を十字の記号で置き換えた例

**中間部の省略**

　細長い軸など、単調な形状が長く続く場合、実長で描いても図面のスペースをとるだけで、あまり意味がありません。また、長さによっては、図面に描ききれません。そのような場合は、中間部を省略して短く描きます。中間部を省略していることを明示するため、途中に破断線を入れます。中間部を省略した図の例を図3-6-5に示します。

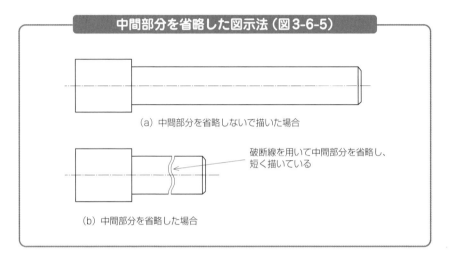

**中間部分を省略した図示法（図3-6-5）**

（a）中間部分を省略しないで描いた場合

破断線を用いて中間部分を省略し、短く描いている

（b）中間部分を省略した場合

**名人からのアドバイス**

**正確かつ簡潔な表現**

　図面の作成においては、正確かつ簡潔な表現が重要です。対称図形や繰り返し図形は省略可能で、これにより図面の複雑さを減らし、労力を節約することができます。
　また、単調で長い形状の中間部を省略し、破断線を使用することで、図面のスペースを有効に利用し、視覚的にも理解しやすくすることが可能です。

# 3-7 その他の作図法

ものづくりの製図における形状の表し方は、第三角法をはじめとした正投影法であることを学びました。また、正投影法で作図をする上で、断面で描くことの重要性、断面の切り方、省略して描く便利な方法などを学びました。

ここでは、それ以外に特徴的な描き方をする方法の代表的なものを紹介します。

## 展開図

薄板材を曲げてつくる品物は、曲げたあとの形状も重要ですが、曲げる前の板材の全体の長さなどがわかると便利です（製作する側が元の材料の形状を理解しやすい、など）。そのような場合には、曲げていない展開した状態の投影図を描きます。

図3-7-1に、曲げた板状の品物に対して、平面図に展開図を描いた例を示します。平面図を展開図にすることで、曲げる前の母材の形状、曲げる前に加工する穴の位置などが一目瞭然になります。

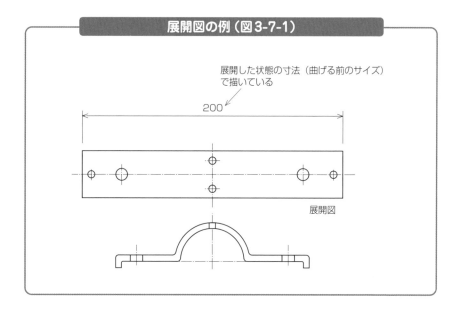

### 展開図の例（図3-7-1）

展開した状態の寸法（曲げる前のサイズ）
で描いている

200

展開図

**部分拡大図**

　品物の一部の小さな領域の形状や寸法を示したいときに、指定した部分のみを拡大して描くことができます。この場合、図3-7-2に示すように、拡大したい部分を細い実線で囲み、その拡大図を倍尺で描きます。

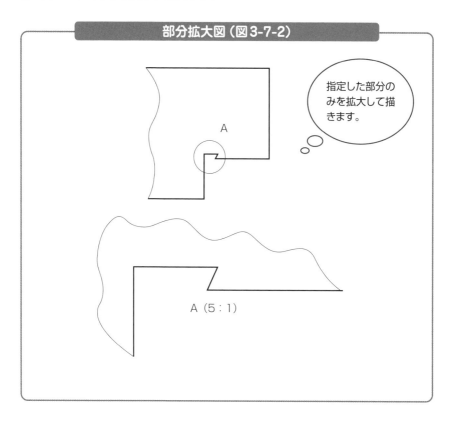

**部分拡大図（図3-7-2）**

A

指定した部分のみを拡大して描きます。

A（5：1）

3
図形の表し方

# Memo

# 4

# 断面図

　機械、電子機器、その他製品の多くは、外観以上に内部構造が重要です。例えば自動車のエンジンを例にとると、外観だけを見ても、金属の塊から配管やカバーやケーブル・コネクタ類が出ているというだけで、それがどのような構造でどのような機能を持つものなのか、よくわかりません。そのため、製品やその部品の図面は、断面で描くことが非常に多いのです。製図では、いろいろな方法で切った断面を描いて、品物の形状や構造を表します。ここでは、断面による形状の表し方を学びます。

# 4-1 断面図の利点

断面図を用いることで、品物の詳細な形状を表すことができます。言い方を変えると、品物の形状を表すためには、断面図の利用が欠かせません。

##  断面図の利用

図4-1-1に示す図を見てみましょう。この図は、断面で示していない投影図です。この図を見ても、内部の構造は次のとおりまったく不明です。

・ この品物の内部は詰まっているのか、それとも空洞なのかわからない。
・ 横から見た図は円形なのか、四角なのか、それともそれ以外なのかわからない。

この図に対して、図4-1-2に示すように右側面図を描くと、この図は円管（パイプ）であることがわかります。

---

**断面でない投影図（図4-1-1）**

側面図がないため、
・丸棒なのか？
・円管なのか？
・角柱なのか？
・角パイプなのか？
・それ以外なのか？
の判断がつかない

---

**断面でない投影図（右側面図付き）（図4-1-2）**

---

　この図を断面で描くと、図4-1-3になります。断面にすることで、右側面図を見なくても、内部に二重構造を持つパイプ状のものであることが判断できます。

　次章で学びますが、図中にφ5、φ9と示されている部分は、この円の直径を表しています。そのため図4-1-3は、右側面図を描かなくても、次の形状であることが判断できます。

・ 内径5mm、外径9mm、長さ60mmの円形のパイプ

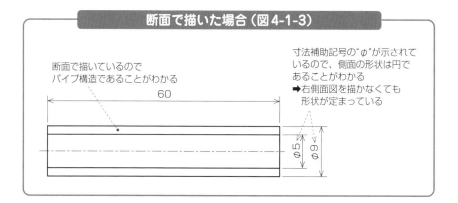

**断面で描いた場合（図4-1-3）**

断面で描いているので
パイプ構造であることがわかる
60

寸法補助記号の"φ"が示されているので、側面の形状は円であることがわかる
➡ 右側面図を描かなくても
　形状が定まっている

φ5　φ9

　以上のように、断面図をうまく使うことで、品物の形状を正しくわかりやすく示すことが可能になります。

**便利な「断面図」**

　断面図を使用することで、物の内部構造や形状を明確にし、視覚的に理解しやすくすることができます。例えば、単なる投影図では内部が空洞なのか詰まっているのか、形状が円形なのか四角なのか判断できません。断面図にすることで、内部に二重構造を持つ円形のパイプであることを明確にでき、さらに内径や外径の具体的なサイズも示すことができます。

# 4-2 断面図が必要となる 題材例

図4-2-1に示す**Vプーリー**と呼ばれる機械部品を例に考えてみましょう。

 **断面図の重要性**

　Vプーリーは、V字の溝部分にV字のベルトを巻くことで、回転動力を伝達するための機械要素部品です。

### Vプーリーの外観（図4-2-1）

　Vプーリーの機能を考えると、図面で示す上で次のことが重要です。

・ 表面のV字の溝の形状にVベルトがかみ合うため、この形状が重要。
・ 軸が入る穴とキー溝が内部にあるため、内部の構造も重要。

　このような観点から、Vプーリーの断面図を考えてみましょう。

# 4-3 全断面図

**全断面図**とは、品物を1つの平面で切断して、その断面を描く方法です。

## 全断面図

　Vプーリーについて、溝がある面から見て正投影法で外形図（外観を断面にせずに描く方法）を描くと、図4-3-1のようになります。

　このようにすると、Vプーリーの外観はわかりますが、内部構造はわかりません。右側面図を見ると、内部に円形の形状があることはわかりますが、その奥行き方向がどのような形になっているのか、正確にはわかりません。

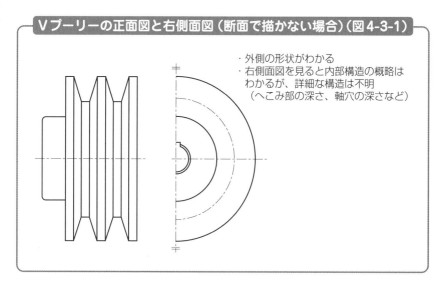

Vプーリーの正面図と右側面図（断面で描かない場合）（図4-3-1）

・外側の形状がわかる
・右側面図を見ると内部構造の概略は
　わかるが、詳細な構造は不明
　（へこみ部の深さ、軸穴の深さなど）

　そこで、このVプーリーの上下方向の基本中心線の部分で切断して描くと、図4-3-2に示す全断面図になります。全断面図にすることで、Vプーリー内部の穴やくぼみの形状とそれが奥行き方向にどこまで続くのかがわかり、形状が明確になります。断面図で描くことで、右側面図との対応もより明確になっています。

断面図を描く際には、切断面だけでなく、その先に見える線も描く必要があります。図4-3-3に、切断面しか描いていない誤った図を示します。

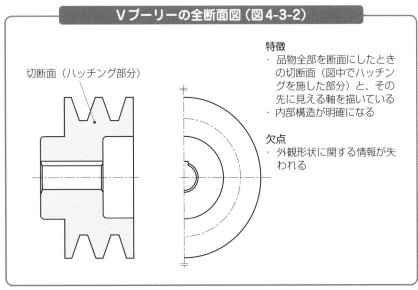

### Ｖプーリーの全断面図（図4-3-2）

切断面（ハッチング部分）

**特徴**
・品物全部を断面にしたときの切断面（図中でハッチングを施した部分）と、その先に見える軸を描いている
・内部構造が明確になる

**欠点**
・外観形状に関する情報が失われる

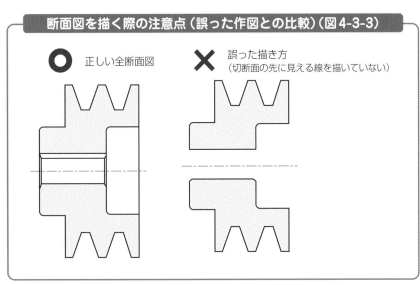

### 断面図を描く際の注意点（誤った作図との比較）（図4-3-3）

○ 正しい全断面図

✕ 誤った描き方
（切断面の先に見える線を描いていない）

# 4-4 片側断面図

全断面図で内部構造が明確になることを学びました。一方で、全断面図を用いると、表面の形状の多くが消えてしまいます。

##  片側断面図

ここで例として用いているVプーリーの場合、上下は基本的に対称です（上側にキー溝があるかないかの違いのみ）。そのような場合、半分だけ断面で描くことで、外観構造と内部構造の両方を1枚の投影図で表すことが可能です。これを**片側断面図**（半断面図）と呼びます。図4-4-1に、Vプーリーを片側断面図で描いた例を示します。

この図において、上半分は断面図、下半分は断面でないそのままの投影図で描かれています。片側断面図を用いれば、1枚の投影図で外観構造と内部構造の両方を同時に示すことができます。

**4**

断面図

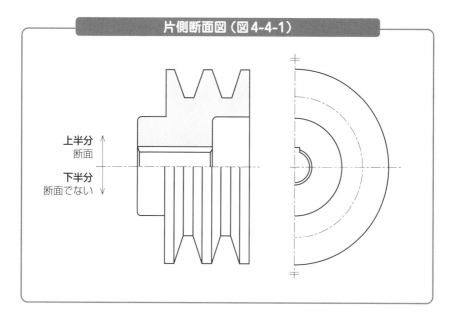

片側断面図（図4-4-1）

上半分 ↑
断面

下半分
断面でない ↓

# 4-5 部分断面図

全断面図や片側断面図では、図形をすべて断面にするか、あるいは基本中心線を境に半分を断面にしました。基本中心線というキリのいい場所ではなく、自身で設定した任意の場所で断面を切って図を描くことも可能です。これを**部分断面図**と呼びます。

## 部分断面図

図4-5-1に部分断面図の例を示します。破断線（不規則な波形の細い線）で任意の場所を切って、その部分を断面にして描いています。このように、部分的に断面を示したいときは部分断面図が有効です。

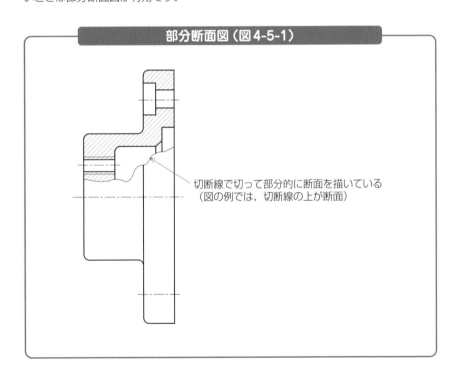

部分断面図（図4-5-1）

切断線で切って部分的に断面を描いている
（図の例では、切断線の上が断面）

# 4-6 回転図示断面

図の中で回転させて断面を示す方法を**回転図示断面**と呼びます。図4-6-1に示すように、レール、アーム、鉄筋、柱などの構造物において、途中の部分の断面形状を示したい場合には、側面図などの他の投影図として断面図を描かずに、回転図示断面で示すことができます。

## 回転図示断面

図4-6-1の例では、アームの途中や鉄筋の途中の部分の断面を回転させて、正面に向けて描いています。その際、(a)と(b)では切断箇所の前後を破断線で示し、その間に断面を描いています。(c)では破断線を用いず、図中に直接細い実線で回転図示断面を描いています。

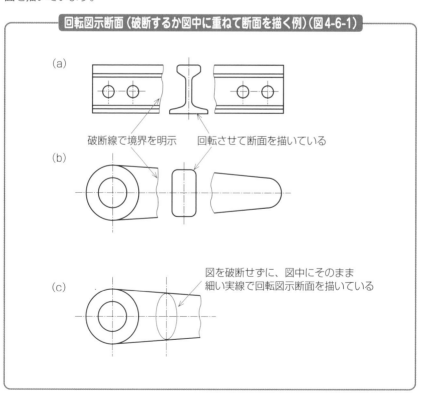

回転図示断面（破断するか図中に重ねて断面を描く例）（図4-6-1）

(a)

破断線で境界を明示　　回転させて断面を描いている

(b)

図を破断せずに、図中にそのまま
細い実線で回転図示断面を描いている

(c)

図4-6-2に示すように、切断線の延長上で回転させて回転図示断面を描く場合もあります。これは、複数の箇所の断面を示したいときに有効な方法です。

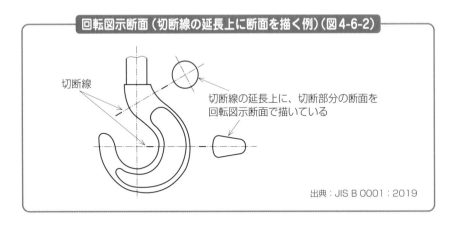

**回転図示断面（切断線の延長上に断面を描く例）（図4-6-2）**

切断線

切断線の延長上に、切断部分の断面を回転図示断面で描いている

出典：JIS B 0001：2019

**COLUMN　物体の内部を視覚的に明らかにする「断面図」**

　製図の基本となるこの方法は、物体の内部構造を視覚的に明らかにし、製作者が物体の真の形状を理解する手助けをしてくれます。物体を仮想的に切断し、その断面を描くことで、見る者は物体の内部に目を通すことができます。

　一般的な断面図は、物体を完全に2つに分割し、その一方の内部構造を示します。これは特に、物体の対称性や内部の複雑な構造を理解する際に非常に有用です。また、これは製作者にとって重要な情報を提供し、物体の機能や安全性を評価する上で不可欠なツールとなります。さらに、断面図は他の多くの形式をとることができ、それぞれが特定の目的や利点を持ちます。

　例えば**部分断面図**は、特定の部分の内部構造を強調するために使用され、物体の特定のエリアに焦点を当てることができます。この方法は、特定の領域や特徴を明確に表示することができるため、非常に効果的です。

　**拡大断面図**は、物体の特定の小さな部分を拡大して示し、そのエリアの詳細な構造を視覚的に表現します。これは、小さな部品や複雑な構造を詳細に説明するのに非常に便利です。

　断面図においては、どのようにして物体を切断し、どの断面を表示するかによって、視覚的な情報の量と質が大きく変わることがあります。

# 4-7 多数の断面の図示

品物の詳細構造を表すには、表示する断面が2つ以上必要な場合もあります。そのような場合の図示法について見ていきます。なお、図4-6-2の例も、フックの根元部分と湾曲部分の2か所の断面を回転図示断面で示しており、多数の断面を図示する方法の1つといえます。

## 多数の断面を示す方法

図4-7-1および図4-7-2に示すように、複数の段を持つ軸を考えます。図中の切断線A、B、C、Dが示す部分はいずれもキー溝などが入って、他の部品と接続される部分であるため、その詳細構造が必要です。右側面図や左側面図に断面形状を1か所ずつ示すだけでは不十分であり、各段の断面形状を示す必要があります。

そこで図4-7-1や図4-7-2では、A-A、B-B、C-C、D-Dの各切断線で切断した4か所の断面について、矢印の向きから投影した断面を描いています。このとき、切断面だけを描き、その奥に見える物体は描いていません。例えば、D-D断面の奥にはC-Cの形状とB-Bの形状の一部が見えるはずですが、それを描くことに意味はなく、図面がわかりにくくなるので、描かれていません。

切断面B-Bに着目すると、正面図に見えている2本線がX状になった部分の形状は、断面B-Bに示すとおり、平面であることがわかります。また、奥側にも角状の溝があることがわかります。このように、A〜Dの各段の溝の形状などの断面形状が明確になります。

### 名人からの アドバイス

#### 複数の「断面」からわかること

物の詳細構造を示すため、2つ以上の断面を表示する方法が定められています。これは特に複数の段を持つ軸などの複雑な構造を示すのに役立ちます。

断面図は、各切断線で切断した断面を投影し、特定の断面形状を描写します。物体の内部構造と機能を正確に理解するのに不可欠といえます。

## 多数の断面を図示する方法①（切断線の延長線上に断面を配置）（図4-7-1）

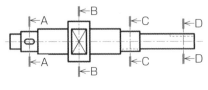

A-A  B-B  C-C  D-D

切断面A–Aを矢印の方向から見た投影図を
描いている
B–B、C–C、D–Dも同様であり、多数の断面
を描いている

## 多数の断面を図示する方法②（主中心線上に断面を配置）（図4-7-2）

A-A  B-B  C-C  D-D

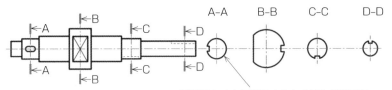

切断面A–Aを矢印の方向から見た投影図を
描いている
B–B、C–C、D–Dも同様であり、多数の断面
を描いている

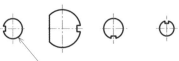

# 4-8 組み合わせによる断面

断面図を描くとき、2つ以上の切断面を同時に描いて効率的に断面形状を示すことも可能です。図4-8-1に等角投影図で示すように、複数箇所に貫通穴、ねじ穴、ざぐり穴などの加工がなされたブロックを考えます。ここでそれぞれの穴の断面形状を表す場合、図4-8-4のように、異なる断面部に開いている穴を1枚の図に描くことが可能です。

## 組み合わせによる断面の使い方

図4-8-1に示すように、3つの穴が異なる断面部に開いている場合、その断面形状を示そうとすると通常は断面図が2枚必要です（図4-8-2）。組み合わせによる断面を使えば、図4-8-3のように複数の切断面で切断した断面を、1枚につなぎ合わせて描くことができます。この場合、断面図は図4-8-4のようになります。切断面A-Bと切断面C-Dをつなげて描いています。仮想的に断面にしただけなので、切断線B-Cの間にできる段差の線は描きません。

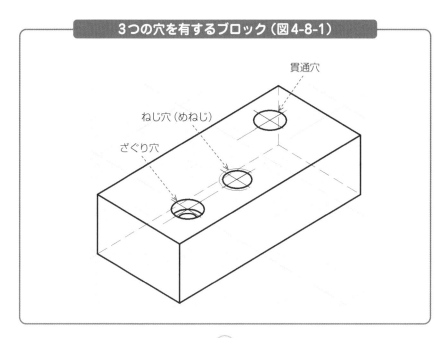

**3つの穴を有するブロック（図4-8-1）**

貫通穴

ねじ穴（めねじ）

ざぐり穴

4

断面図

## 2つの切断面を描いた例（多数の断面の図示）（図4-8-2）

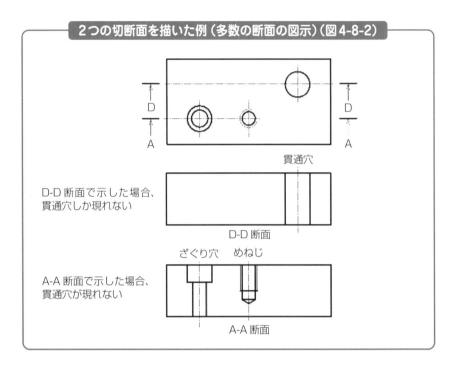

D-D断面で示した場合、
貫通穴しか現れない

貫通穴

D-D断面

A-A断面で示した場合、
貫通穴が現れない

ざぐり穴　めねじ

A-A断面

## 組み合わせ断面で仮想的に切断した状態（図4-8-3）

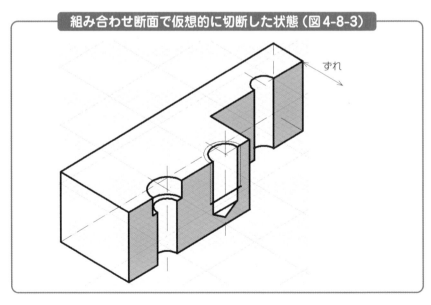

ずれ

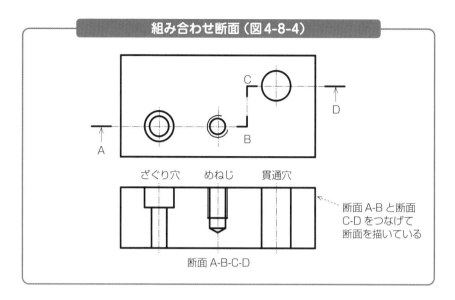

**組み合わせ断面（図4-8-4）**

C
D
B
A

ざぐり穴　　めねじ　　貫通穴

断面A-BとDD面
C-Dをつなげて
断面を描いている

断面 A-B-C-D

**4**

断面図

COLUMN 「A-A断面」「B-B断面」

　機械製図は、技術者の思考を図面上に具現化し、そのアイデアを他者に伝えるための重要なツールです。この素晴らしいコミュニケーションツールの中でも、複数の断面（例えば「A-A断面」と「B-B断面」）はまさに機械製図を代表する要素といえるでしょう。

　断面図は、物体を仮想的に切断して内部をのぞき込むように描かれた図です。これにより、内部構造や隠れた部分の形状が理解しやすくなります。具体的には、「A-A断面」と「B-B断面」は、どの位置で物体を切断して表示するかを示す指標となります。

　例えば、「A-A断面」は図面上でA点からA点までを仮想的に切断し、その断面を図示します。この断面表示は、内部の

穴や通路、肉厚などをはっきりと描き出し、製品の設計意図を明確に伝える役割を果たします。

　「B-B断面」も同じようにB点からB点までの断面を図示しますが、この断面が異なる角度や位置で切断されることにより、異なる内部構造や機能が明らかにされることもあります。これにより、1枚の図面だけで製品を多角的に理解することが可能となります。

　機械製図では、これらの断面表示は非常に重要な情報を伝える手段となります。設計者は、「A-A断面」と「B-B断面」を通じて、製品の複雑な内部構造や組み合わせ部分の詳細を、他のエンジニアや製造者に明確に伝えることができます。

# 4-9 断面にしないもの

断面図によって内部構造を明確に表すことが可能ですが、切断線が通ったとしても、意図的に断面で描かないものもあります。その理由と使い分けを学びましょう。

 **断面にしないものの例**

ここまで述べてきたように、内部構造を示すには断面で描くことが有効です。しかしながら、切断線が通ったとしても、意図的に断面で描かない（切断しない）物品も存在します。その理由は、次のとおりです。

（1）断面にしても意味がない。

（2）断面にしないほうがかえってわかりやすい。

通常、次のものは、切断線が通ったとしても切断せずに描きます。

> 軸、ボルト、ナット、座金（ざがね）、ねじ類、ピン、キー、リブ、プーリーや歯車などのアーム、歯車の歯など

 **切断せずに描いているもの**

例えば、図4-9-1に示すように、Vプーリーにキーと軸が挿入されている組立図を全断面図で描いたとします。このとき、基本中心線で断面にしているため、Vプーリー、軸、キーの中心部で2つに切断されています。

図中のハッチングで記された部分は、切断線が通った際に断面で描いている部分を指します。図中でハッチングになっていない部分は、次に述べるとおり、切断線が通っていても断面で描かず、そのまま外形で描いています。

まず、軸は断面にせず、そのままの形（外形線）で描いています。その場合、キーのかみ合い部分が不明瞭なため、意図的に部分断面を使って一部を断面に描くことでキーが現れますが、このキーも断面で描きません。

98

　ちなみにキーについては、中実の（＝中身の詰まった）物品であるため、断面で描いても外形で描いても同じ図になり、区別はつきません。つまり、キーは断面にしても意味がない物品です。

　これらをすべて切断して描いた例を図4-9-2に示します。このような描き方は誤りということになります。

　同じ要領で、先ほど示したボルト、ナット、ピンなどの物品も、切断線が通っていても原則として断面では描きません。ボルトとナットと座金で2枚の板を締結した際の断面図を、図4-9-3に示します。この場合も、ねじ部品類は断面で描きません。

### 切断しないものの作図例（軸、キーを切断せずに描いている）（図4-9-1）

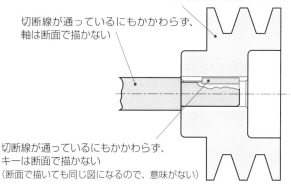

**正しい作図例**（軸、キーを断面にしない）

Ｖプーリーは全断面図で描かれている

切断線が通っているにもかかわらず、
軸は断面で描かない

切断線が通っているにもかかわらず、
キーは断面で描かない
（断面で描いても同じ図になるので、意味がない）

名人からの
アドバイス

### 断面図で表さない部品

　断面図は内部構造を明示する効果的な手段ですが、すべての部品が断面で描かれるわけではありません。特定の部品は、断面にしても意味がない、または断面にしないほうが理解しやすいため、そのまま描かれます。これには軸、ボルト、ナット、座金、ねじ類、ピン、キー、リブ、プーリーや歯車のアーム、歯車の歯などが含まれます。

　例として、図面においてＶプーリーにキーと軸が挿入された場合、軸とキーはそのままの形で描かれ、断面図では表しません。

## 切断しないものを切断して描いた例（誤った描き方の例）（図4-9-2）

誤った作図例（軸、キーを断面で描いているのが誤り）

Ｖプーリーは全断面図で描かれている

軸を断面で描くと、
かえってわかりにくい

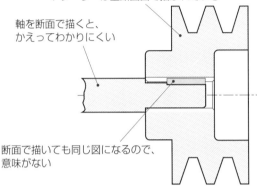

断面で描いても同じ図になるので、
意味がない

## 切断しない例（ボルトとナット）（図4-9-3）

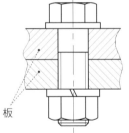

⭕ 断面にしない部品を
外形で描いている

板

⭕ 2枚の板を断面で描き、ボル
ト、ナット、座金類は外形で
描いている
➡ボルト、ナット、座金の種
類や形状が明瞭

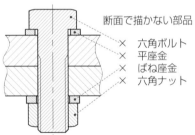

❌ 断面にしない部品を
断面で描いている

断面で描かない部品

× 六角ボルト
× 平座金
× ばね座金
× 六角ナット

❌ 六角ボルト、六角ナットを断面で描い
ている
➡ボルト、ナットの種類や形状がわか
りにくい

❌ 平座金、ばね座金を断面で描いている
➡座金の種類がわからない、座金を見
落とす恐れがある

# 5

# 寸法の入れ方・読み方

　ここまでの章で、品物の形状を表す基本的な方法を学んできました。形状に対して寸法を入れることで、その品物のサイズが確定します。寸法記入は、寸法漏れがないことはもちろんですが、読み取る側が読み取りやすく、そして誤解を生むことのないよう、適切に記入する必要があります。

　ここでは、基本的な寸法の読み方と入れ方を学びます。

# 5-1 寸法記入の単位

図5-1-1に寸法記入例を示します。両端に寸法補助線を引いて、その間に寸法線を引き、寸法線の上に寸法の数字を記入する——というのが基本です。

## 長さの寸法の単位はmm、角度の単位は度（°）

図面に長さの寸法を記載するときは、原則として**mm（ミリメートル）**の単位で数値を記入します。その際、**寸法の単位は省略**します。また、各度の単位は度（°）を用います。

例えば、図5-1-1に示すような物体の寸法を示す際には、**寸法補助線**と**寸法線**で寸法を示したい場所を明確にしておき、その上に「150」「100」のように寸法を記入します。このとき、150は「150mm」、100は「100mm」の意味です。「150mm」や「100m」のように単位をつけることはしません。また、数値にはカンマもつけません。

例えば、1980mmという長さの寸法を記入する場合、「1,980」のようにカンマを入れることはせず、「1980」と書きます＊。

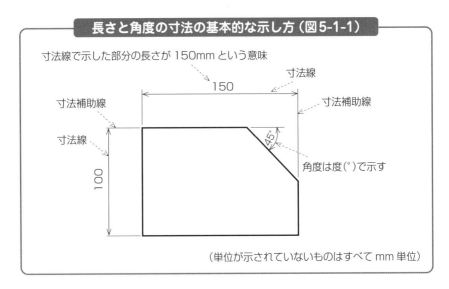

### 長さと角度の寸法の基本的な示し方（図5-1-1）

寸法線で示した部分の長さが 150mm という意味

寸法線

150

寸法補助線

寸法補助線

寸法線

45°

100

角度は度（°）で示す

（単位が示されていないものはすべて mm 単位）

---

＊寸法数値に加えて、品物の精度を担保するための公差が必要になります。詳細は第6章で学びます。

　角度については、「45°」のように「度」（degree）で記入します。円の1周が360°です。1°よりも細かい角度を設定したいときは、度（°）のほかに、分（′）、秒（″）を併記します。弧度法を用いてラジアン単位で角度を記入する場合は、3.2 rad、$2\pi$ radのようにradをつけます。

---

1周＝360°
1°＝1周の1/360
1′（1分）＝1°の1/60
1″（1秒）＝1′の1/60

---

　例えば、25mレールの長さの寸法をmmで書くと、「25000」となり、桁が大きくなってしまいます。そこで、非常に大きいものや非常に小さいものは、m（メートル）やμm（マイクロメートル：1mmの1/1000）で表します。その場合は図5-1-2に示すように、数値に単位をつけて記します。つまり、次のルールを知っておきましょう。

---

・寸法に単位が記されていないもの　⇒　**単位はmm**（ミリメートル）
・寸法に単位が記されているもの　　⇒　単位はそこに記されているもの
　　　　　　　　　　　　　　　　　　　（μm、mなど）

---

**5**

**寸法の入れ方・読み方**

## mm以外の単位で長さの寸法を記入する例（図5-1-2）

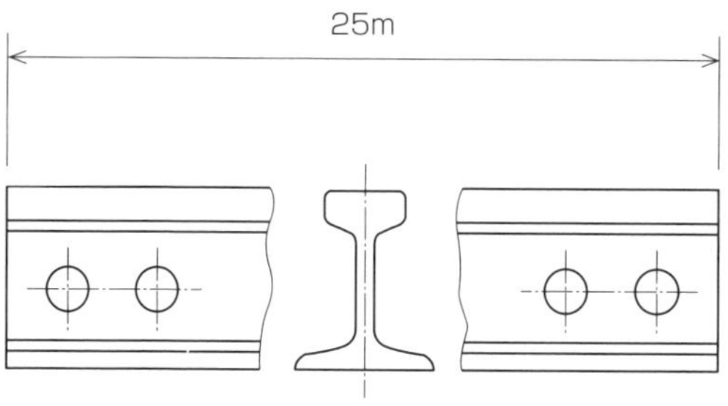

25m

# 5-2 大きさの寸法と位置の寸法

寸法を読んだり記入したりするときに、「大きさの寸法」と「位置の寸法」を意識しておくことが有効です。それにより、寸法が読み取りやすくなり、寸法の記入漏れを防ぐことができます。

## 大きさの寸法と位置の寸法

大きさの寸法とは、その形状のサイズを表す寸法です。例えば、「突起の長さ」、「軸の直径」、「穴の大きさ」などです。位置の寸法は、「形状がどの位置にあるのか」を表すものです。例えば、「穴がどの位置に開いているか」などです。

大きさの寸法と位置の寸法の違いについて、順を追って考えていきましょう。まずは、図5-2-1に示すような単純な板材の寸法を考えます。

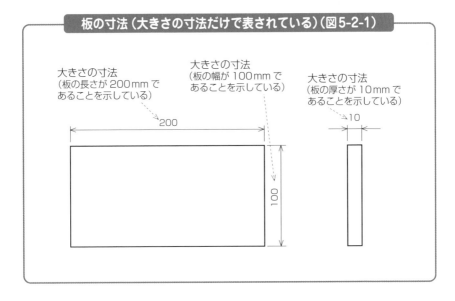

**板の寸法（大きさの寸法だけで表されている）（図5-2-1）**

大きさの寸法
（板の長さが200mmであることを示している）

大きさの寸法
（板の幅が100mmであることを示している）

大きさの寸法
（板の厚さが10mmであることを示している）

この板のサイズは、横方向が200mm、縦方向が100mm、厚さが10mmです。これらはいずれも板の大きさを示す「大きさの寸法」です。

続いて、図5-2-2のように、この板に直径10mmの穴が2か所開けられているとします。穴の直径10mmは、大きさの寸法ですが、これを指示しただけでは穴開けはできません。なぜなら、「直径10mmの穴をどこに開けたらよいか」という位置の寸法の指示がないためです。

このような場合は、板の右端から25mm、下端から20mm、穴の間隔95mmなどのように、穴を開ける位置の寸法を指定しなければならないことがわかります。

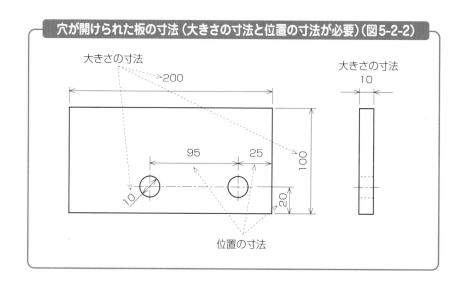

穴が開けられた板の寸法（大きさの寸法と位置の寸法が必要）（図5-2-2）

同じ外形の板で、穴の位置が図5-2-3のように変わった場合はどうでしょうか。

この場合、穴が板の基本中心線を基準に上下左右対称に開けられています。横方向が200mm、縦方向が100mmという板の大きさの寸法が示されているため、穴の位置の寸法も定まっています。つまり、穴は200mmと100mmのそれぞれ半分の位置を基準として、2つの穴の間隔が95mmとなる位置に開けられます。

このような場合には、端から○○mmというような穴の位置の寸法はなくても穴の位置は定まります。

5

寸法の入れ方・読み方

## 穴が開けられた板の寸法（対称形の場合）（図5-2-3）

200

10

95

100

10

位置の寸法

次に、図5-2-4のように、円盤状の物体に直径10mmの小穴が12個、等間隔に開いているものについて、小穴の寸法を入れてみます。図にあるとおり、直径10mmの円を意味する「φ10」が小穴の大きさの寸法です。

12個等間隔に開いているので、穴の間隔は360°÷12=30°であることがわかります。また、その穴が円盤のどの位置に開いているかは、ピッチ円の直径（180mm）で示されています。穴の加工をする人は、ピッチ円直径180および穴の個数とサイズ（12×φ10）を読み取ることで、穴開けを行うことが可能になります。

## 名人からのアドバイス

### 大きさの寸法、位置の寸法

図面を読み解く際、「大きさの寸法」と「位置の寸法」を区別することが重要です。大きさの寸法は形状のサイズを示し、突起の長さや軸の直径などを表します。一方、位置の寸法は形状の位置を示し、「穴がどの位置に開いているか」などを明示します。

この区別は、寸法の読み取りや記入漏れを防ぎ、図面の明瞭さを保つために有効です。図面における穴のサイズと位置の指定は、この区別を理解するよい例となります。

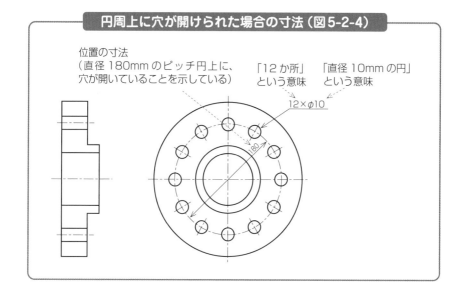

円周上に穴が開けられた場合の寸法（図5-2-4）

位置の寸法
（直径180mmのピッチ円上に、穴が開いていることを示している）

「12か所」という意味

「直径10mmの円」という意味

12×φ10

　ここでは主に板に開いた穴の例で、大きさの寸法と位置の寸法を示しましたが、そのほかの形状の物品でもまったく同じ考え方になります。突起物、溝、穴などの部分的な形状に対して、大きさの寸法と位置の寸法に分けて考えるようにしましょう。

名人からの
アドバイス

### 図面における寸法

　基本的に、寸法補助線と寸法線を使って、数字で記入します。長さの単位は基本的にミリメートル（mm）、角度の単位は度（°）で示し、非常に大きなものや小さなものはメートル（m）やマイクロメートル（μm）で表します。寸法に単位が記されていない場合はミリメートルを意味し、記されている場合はその単位となります。角度に関しては分（′）や秒（″）も使い、ラジアン単位の場合は「rad」をつけます。

寸法の記入法にはいろいろありますが、まずは基本の寸法記入法を理解した上で、その他の寸法記入法を学んでいくとよいでしょう。ここでは、最も基本的な寸法記入法を学びましょう。

## 基本の寸法記入法

最も基本的な寸法の記入法は、**寸法線**と**寸法補助線**を用いる方法です。例えば図5-3-1に示すように、寸法を示したい箇所から、細い実線で寸法補助線を出します。次に、2本の寸法補助線の間に、細い実線で寸法線を引きます。寸法線の端末は、通常は矢印にします（矢印のほかに、斜線や黒丸を用いる場合もあります）。このようにすると、寸法線の長さは、その部分の寸法と同じになります。そうして、寸法線の上に寸法数値を記入します。

---

### COLUMN 寸法を表す記号

寸法の表記は、製品の設計や製造の過程で非常に重要な役割を果たします。この記号を正確に理解し、適切に使用することで、製品の正確な形状やサイズを伝達できます。

最も基本的な寸法記号は、直線寸法を示すものです。これは、2点間の直線距離を示すもので、寸法線と呼ばれる細い線に寸法値を記述することで表されます。この寸法線の両端には矢印がつき、寸法を測定する2点の間を示しています。

半径や直径を示す記号もよく使われます。円や円弧の中心からその外側までの距離を示す場合は、「R」のあとに数値を記述することで半径を示します。一方、円全体の一端から反対側の一端までの距離を示す場合は、直径記号（φ）を使用します。

角度を示す記号もあります。2つの線が形成する角度を示すためには、「45°」のように数値のあとに「°」をつけます。

製図においては、特定の表面の仕上げ状態やその他の特殊な要件を示すための記号や注記も用いられます。これには、表面粗さ記号や公差記号などが含まれます。これらの記号や注記は、設計者の意図を正確に伝達するための手段として使用されます。

なお、図5-3-1の15および40のように、上下に伸びる寸法線上に数値を記入する際には、数値を左に90°回転し、寸法線の上に乗せるように配置します。

寸法補助線は、寸法線の先端から2〜3mm程度飛び出すように引きます。また、外形線から寸法補助線を出すときに、外形線と寸法補助線の間にわずかにすきまを空けたほうが、外形線と寸法補助線の違いが明確になり、読みやすくなります。

また、寸法は小さいものから順に、図形に近い側から入れていきます。もし、図中の100と55の寸法の位置を入れ替えると、寸法補助線同士が交差してしまいます。

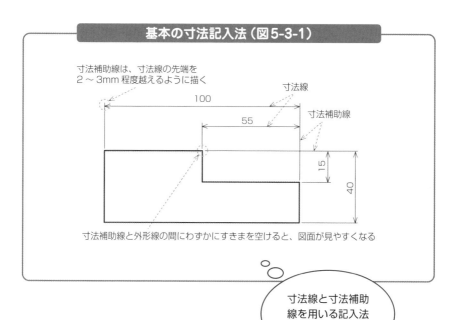

**基本の寸法記入法（図5-3-1）**

寸法補助線は、寸法線の先端を
2〜3mm程度越えるように描く

寸法線

100

55

寸法補助線

15

40

寸法補助線と外形線の間にわずかにすきまを空けると、図面が見やすくなる

寸法線と寸法補助線を用いる記入法が基本となります。

# 5-4 寸法を記入する向き

　図面には寸法や記号や文字が書かれていますが、それらの基本的な向きが決まっています。寸法や記号は、図面の下辺（図面を描く人から見た向き）または右辺から読める向きに記入します。

## 寸法記入の向きも決まっている

　図5-4-1の左側の図では、寸法が左辺側と上辺側から見た向きに記入されていますが、いずれも誤りです。正しくは右図のように、下辺側または右辺側から読める向きで記入します。

### 寸法等を記入する向き（図5-4-1）

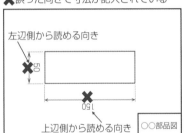
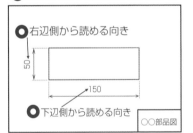

　斜めに引かれた寸法線に数値を記入する際には、

　・水平方向の寸法線に対しては上側に寸法数値を記入
　・垂直方向の寸法線に対しては左側に寸法数値を記入

することを基本として、図5-4-2に示す位置と向きで記入します。

## 斜め方向に引かれた寸法線への寸法記入の位置と向き（図5-4-2）

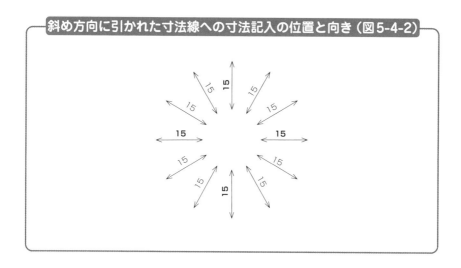

　角度の寸法を記入する場合も上記と同様ですが、図5-4-3に示すようにすべて上向きで入れることも可能です。

5
寸法の入れ方・読み方

## 角度寸法の位置と向き（図5-4-3）

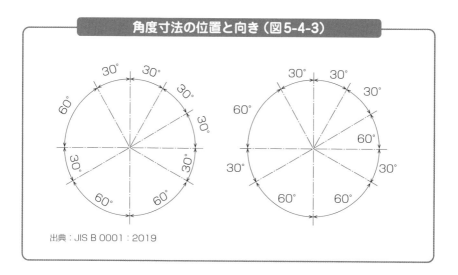

出典：JIS B 0001：2019

# 5-5 図中に直接寸法線を入れることも可能

寸法補助線と寸法線を用いて寸法を入れるのが、寸法記入法の基本です。しかし、すべての部分でそのような寸法記入を行うと、図形の周りが寸法補助線と寸法線だらけになり、かえって読みにくくなります。図形の中に直接記入できる寸法は、図形の中に入れることも可能です。

## 図形の中に寸法を記入

図5-5-1の (a) のように、長い寸法補助線を出して寸法を記入すると、図形が混雑して読みにくくなります。このような場合は、図 (b) のように、寸法補助線を用いず図中に直接寸法線を記入して寸法を入れることも可能です。図 (b) のようにしたほうが、寸法を読み取りやすいといえます。図中に寸法を直接記入する方法は広く用いられているので、覚えておきましょう。

---

### 図中に直接寸法を記入したほうがよい例 （図5-5-1）

（a）寸法補助線と寸法線を用いて、最も基本的な方法で寸法を記入した場合

（b）図中に直接寸法を記入した場合

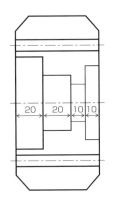

× 寸法補助線と外形線との交差が増えて読みにくい
× 寸法補助線が長くなり、寸法指示箇所がわかりにくい

○ 直接的な寸法指示でわかりやすい

---

# 5-6 狭い場所に寸法を記入する際に用いられる方法

狭い場所は、寸法線を入れることすら難しくなってきます。そのような場合の寸法の入れ方を学びましょう。

## 狭い場所への寸法記入

図5-6-1に示すように，左から右に向かってより狭い寸法指示箇所があるとします。通常は、左側の(a)に示すように、両側を矢印で閉じた寸法線を引いて、寸法数値を記入します。中央の(b)のように、「寸法線の矢印は引けるが、その上に寸法数値を書くにはスペースが不足する」場合は、寸法線の片方を延長して、その延長線の上に寸法数値を書くことも可能です。

左側の(c)のように、さらに狭い場合は、寸法線の矢印を描くのが難しくなります。このような場合は、矢印を外側から挟むように閉じます。(a)、(b)、(c)のいずれの図も、溝の幅を指定している寸法です。特に、(b)や(c)の寸法を見たときに、どこの寸法を指示しているのか間違えないように注意しましょう。

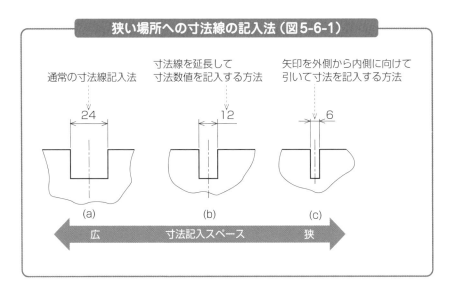

狭い場所への寸法線の記入法（図5-6-1）

通常の寸法線記入法

寸法線を延長して
寸法数値を記入する方法

矢印を外側から内側に向けて
引いて寸法を記入する方法

24

12

6

(a)

(b)

(c)

広　　　寸法記入スペース　　　狭

5

寸法の入れ方・読み方

# 5-7 連続した狭い場所に寸法を記入する方法

狭い部分が連続するときには、その間に矢印をつける代わりに、別の方法を用います。それらの使い方を理解しましょう。

## 黒丸や斜線を用いる

図5-7-1に示すように、狭い部分が間に挟まれる格好で、連続した寸法を記入しなければならない場合、間に矢印を描くことができません。そのような場合は矢印の代わりに、間に黒丸や斜線を用いて区切ります。さらに、その狭い場所に数値を記入できない場合は、引出線と参照線を使って寸法記入のスペースを確保して、寸法数値を入れることもできます。

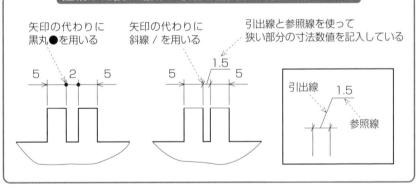

**連続した狭い場所に寸法を記入する方法（図5-7-1）**

矢印の代わりに
黒丸●を用いる

矢印の代わりに
斜線 / を用いる

引出線と参照線を使って
狭い部分の寸法数値を記入している

引出線

参照線

**名人からのアドバイス**

### 狭い場所に寸法を記入する

通常は寸法線を引き、数値を記入します。しかし、スペースが不足する場合、寸法線の片方を延長して寸法数値を書く方法や、矢印を外側から閉じる方法があります。

連続した狭い場所に寸法を記入する場合には、矢印の代わりに黒丸や斜線を用いて区切り、引出線と参照線を使って寸法記入のスペースを確保します。

　寸法補助記号を使うことで、その形状を明確に示し、不要な図を省略することができます。寸法補助記号は非常に便利であるため図面で多用されるので、正しく読み取れるようにしましょう。

## 寸法補助記号

　寸法補助記号とその意味を表5-7-1にまとめます。

　この中から、よく使われる代表的なものについて、次節以降で例を挙げて説明します。

▼寸法補助記号 (表5-7-1)

| 記号 | 記号の意味 | 記号の呼び方 |
| --- | --- | --- |
| φ | 円の直径<br>円弧 (180°を超えるもの) の直径 | まる、ふぁい |
| Sφ | 球の直径<br>球の円弧 (180°を超えるもの) の直径 | えすまる、えすふぁい |
| R | 半径 | あーる |
| CR | コントロール半径 | しーあーる |
| SR | 球の半径 | えすあーる |
| C | 45°の面取り | しー |
| t | 厚さ | てぃー |
| □ | 正方形の辺の長さ | かく |
| ∧ | 円すい (円すい台) 状の面取り | えんすい |
| ⌒ | 円弧の長さ | えんこ |
| ⨆ | ざぐり<br>深ざぐり | ざぐり、ふかざぐり |
| ∨ | 皿ざぐり | さらざぐり |
| ↧ | 穴深さ | あなふかさ |

5

寸法の入れ方・読み方

# 5-8 直径を表す記号 φ

円の直径や180°を超える円弧の直径を表す際に、φという寸法補助記号を使います。この記号は、ギリシャ文字のφ（ファイ）ですが、製図では"まる"または"ふぁい"と呼びます。"まるじゅう"といったら「φ10」のことで、これは「直径10mm」という意味になります。

 ## φの使い方

図5-8-1の (a) は、外形で示した正面図だけであるため、これが丸棒なのか、円管なのか、角柱なのかなど、判断がつきません。ちなみに、長手方向（縦横のうち長いほう）に中心線が通っているので、板のような形状ではなく、軸対称な丸棒やパイプのような形状であることは想像できます。

図 (b) のように右側面図を描けば、これが丸棒であるとわかります。図 (c) のように寸法補助記号φを用いて正面図に寸法を入れると、φ12の寸法が「直径12mmの円」であることを意味しているため、右側面図がなくても丸棒であることがわかります。また、これがパイプの形状である場合は、図5-8-2のように正面図を断面で描いて内径と外径の寸法を入れれば、やはり右側面図がなくてもパイプだとわかります。

## 寸法補助記号φを用いて円の寸法を記入する例（図5-8-1）

(a)

側面図がないため、
・丸棒なのか？
・円管なのか？
・角柱なのか？
・角パイプなのか？
・それ以外なのか？
の判断がつかない

(b)

右側面図があればわかる
➡丸棒である

(c)

φ12

φ12と書かれているため、
円の形であることがわかる
➡右側面図なしで丸棒だとわかる

寸法補助記号を用いれば、図5-8-2に示すように、正面図（主投影図）を全断面にして、そこにパイプの内径と外径を記入することもできます。このとき、φの記号がついていることで、側面図を見なくても「円」であることがわかります。

つまり、図5-8-2の場合、右側面図は不要になります。寸法補助記号を使うことで図面が合理的に描けます。

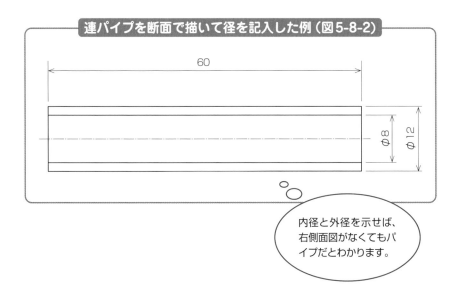

連パイプを断面で描いて径を記入した例（図5-8-2）

60

φ8 φ12

内径と外径を示せば、右側面図がなくてもパイプだとわかります。

## 片側矢印で直径を示す方法

図5-8-3に示すように、丸に見える投影図に直径の寸法を入れる場合は、次のとおり寸法補助記号の要否が変わります。

円の半分を省略したことで、図形上は半円になっています。このような場合に直径の寸法を示したいときは、図5-8-3（a）に示すように片側の矢印を引き、矢印がない側は、意図的に中心線を越えて長めに引きます。このとき、半径ではなく円の直径を指示していることが明確になるように、寸法補助記号φを表示します。

## ⚙ 細線で円弧を延長して直径を示す方法

別の方法として、図5-8-3(b)のように、180°の半円に対して細線で円弧を延長することで、両側を矢印の端末記号にして直径の寸法を入れることもできます。

この場合は直径であることが明らかなので、寸法補助記号φは省略します。なお、実務の場で用いられる図面では、φの記号を省略しないことも多くあります。

### 片側省略された円の直径を示す方法の例 (両図とも同じ意味) (図5-8-3)

半径の寸法だと誤解しないように、"φ"を記入する

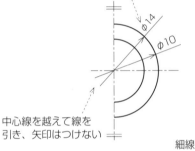

中心線を越えて線を
引き、矢印はつけない

(a) 片側矢印で直径を示す方法

両側が矢印で直径の寸法を入れるため、"φ"は省略する

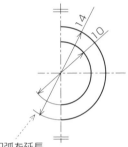

細線で円弧を延長

(b) 細線で円弧を180°を超えるように延長し、直径を示す方法

### 名人からのアドバイス

### 寸法補助記号

寸法補助記号φは、円の直径や180°を超える円弧の直径を示すときに使用され、製図では「まる」または「ふぁい」と読みます。例えば、φ10は直径10mmを意味します。正面図だけでは形状が判別できませんが、寸法補助記号φを使用することで、丸棒やパイプの形状を明確に示すことができます。片側省略された円の直径を示すには、「片側矢印で直径を示す」、「細線で円弧を延長して直径を示す」という2つの方法があり、片側矢印を用いる方法の場合は寸法補助記号φをつけます。

# 5-9 半径を表す記号 R

Rは、半径を示すときに用いられます。この記号は、半径の英語 radius の頭文字をとったものです。

##  円弧の半径R

図5-9-1に示すように、半径の寸法は円弧の中心から円弧に向かって半径と同じ長さの線を引いて指示します。このとき、矢印は円弧側にのみつけます。

直径の場合と同様に、半径であることが明らかな場合は、Rの記号を省略します（図5-9-1）。それ以外の場合は、Rの記号に続けて半径の数値を記入します（図5-9-2）。図5-9-2でR3と示している箇所は、半径3mmの小さなRです。さらに小さいR1などが用いられることもあります。

このとき、円弧の中心から円弧までの距離が3mmと短いため、寸法線が短くなってしまいます。3mmの長さの寸法線に矢印および寸法数値を書くと、スペースが不足して読みにくくなります。そのような場合は、円弧を越えて反対側に線を引き出して、そこに寸法数値と矢印を記入します。

図5-9-3に記入例を示します。（a）のように描くよりも、（b）のように寸法線を引き出してR3の寸法を記入したほうがわかりやすいため、よく用いられます。このような寸法を見たとき、円弧の半径だとすぐわかるようにしておきましょう。

**半径であることが明確な場合はRを省略（図5-9-1）**

円弧の半径であることが明確な場合、
寸法補助記号 R は省略する

15

5

寸法の入れ方・読み方

## 寸法補助記号 R を用いた円弧の寸法記入例（図 5-9-2）

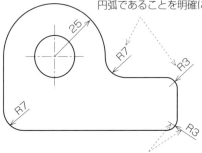

小さな円弧の場合、円弧であることがわかりにくいので、寸法補助記号 R を表示して円弧であることを明確にする

小さな円弧の場合、円弧の中心から円弧までの距離が短いため、寸法線が短くなる（R3 の場合、寸法線の長さは 3mm になる）。3mm の長さの寸法線には矢印および寸法数値を書くスペースがないため、円弧を越えて反対側に線を引き出し、そこに寸法数値と矢印を記入する

## 小さな R に寸法を記入する方法（図 5-9-3）

長さ 3mm の寸法線に無理やり矢印と寸法数値を入れているため、読み取りにくい

この部分は長さ 3mm の寸法線

（a）通常の描き方で
　　寸法を入れた場合

円弧を越えて線を引き出し、
矢印と寸法数値を入れている

（b）円弧を越えて線を引き出して寸法を入れた例

　以上、半径が小さい円弧の寸法について説明しましたが、大きな半径の円弧はどのように示されるかを説明します。

　大きな円弧の寸法を原則にのっとって入れると、図5-9-4（a）のようになります。このように寸法を入れると、寸法線が非常に長くなってしまいます。そこで、図5-9-4（b）に示すように、寸法線を短く描くことも可能です。その場合、寸法線を短縮していることを明示するために、途中で折り曲げて描きます。

　このような寸法記入を見たときには、「長い円弧の寸法線を短縮しているだけ」であることを知っておきましょう。

## 大きなRに対する寸法記入例（図5-9-4）

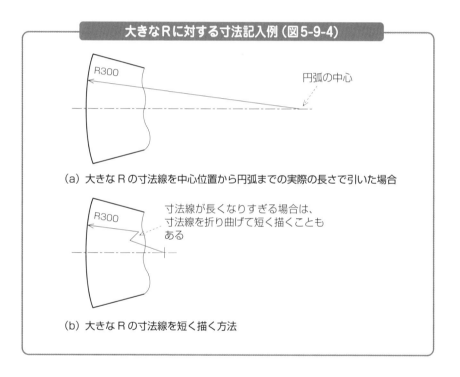

R300

円弧の中心

（a）大きなRの寸法線を中心位置から円弧までの実際の長さで引いた場合

R300

寸法線が長くなりすぎる場合は、
寸法線を折り曲げて短く描くことも
ある

（b）大きなRの寸法線を短く描く方法

# 5-10 45°の面取りを表す 記号 C

面取りとは、品物の角を落とす加工のことを指します。例えば、鉄鋼材を切削するなどして製作した品物の角は、鋭利なため触れるとケガをする恐れがあります。また、そのような角に硬いものがぶつかると、容易に角が損傷して角の形状が崩れます。そのため、面取りを施します。

## 面取りを角度45°で施す

面取りを角度45°で施す場合は、寸法補助記号Cを使って指示することができます。図5-10-1 (a) に示すように、幅2mmの45°面取りを施す場合、図5-10-1 (b) に示すように、C2と指示することができます。

また、これらは図 (c)、(d) のように示しても同じ意味になります。なお、CはJISでは規定されていますが、ISOでは用いられません。海外に出す図面には (c)、(d) を用いるとよいでしょう。

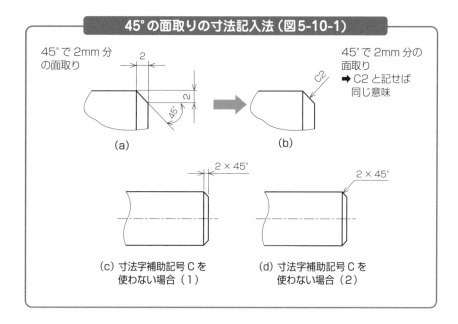

### 45°の面取りの寸法記入法（図5-10-1）

45°で2mm分
の面取り

2

45°

2

(a)

45°で2mm分の
面取り
➡ C2と記せば
同じ意味

C2

(b)

2 × 45°

(c) 寸法字補助記号 C を
使わない場合（1）

2 × 45°

(d) 寸法字補助記号 C を
使わない場合（2）

　なお、面取りの角度が45°以外の場合は、図5-10-2のように面取りの長さと角度を記入します。

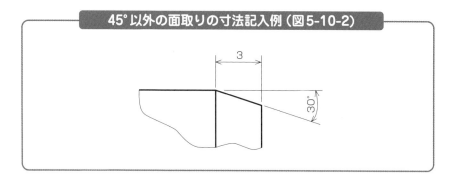

45°以外の面取りの寸法記入例（図5-10-2）

　図5-10-3に、面取りを施した軸とカップに寸法を記入した例を示します。
　寸法補助記号を用いて45°の面取りを指示する際は、面取りを施す箇所に直角に矢印を当てて、C2のように記入します。面取りを施す表面が込み合っていて、矢印を当てるのが難しい場合は、面取りの表面から補助線を引いて、その補助線に直角に矢印を当てて寸法を指示します。

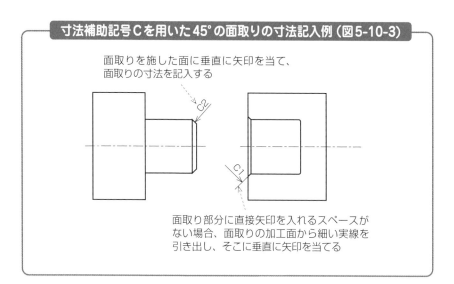

寸法補助記号Cを用いた45°の面取りの寸法記入例（図5-10-3）

面取りを施した面に垂直に矢印を当て、面取りの寸法を記入する

面取り部分に直接矢印を入れるスペースがない場合、面取りの加工面から細い実線を引き出し、そこに垂直に矢印を当てる

# 5-11 板の厚さを表す 記号 t

厚さ一定の板状の部品の厚さを表すときに、寸法補助記号 t を使うことができます。これにより、投影図の数を減らして合理的に図面を描くことができます。

## 板の厚さ

図5-11-1のように板状の物品の厚さを示すとき、通常は右側面図か平面図を描いて厚みを指示します。しかし、厚みだけを指示すればすむ場合に、わざわざ右側面図を描く必要はありません。寸法補助記号 t を使って、厚さを示すことが可能です。

例えば厚さ5mmの板であれば、t5と指示すれば、側面図や平面図を描く必要はありません。「図形中に t○○と指示されていたら、厚みを意味する」ことを覚えておきましょう。

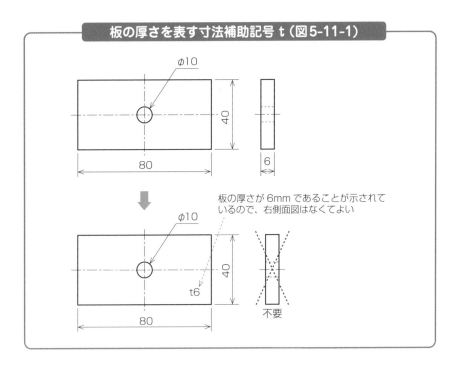

**板の厚さを表す寸法補助記号 t（図5-11-1）**

板の厚さが 6mm であることが示されているので、右側面図はなくてよい

不要

# 5-12 正方形であることを表す記号 □

円形の直径であることを示すときにφの記号を用いるのと同様、正方形であることを示す場合に、□ の記号を用いて正方形の一片の長さを指示できます。

## 正方形の辺の長さ

例えば図5-12-1のように、円形断面の円柱と正方形断面の角柱で構成される部品の主投影図を描き、そこに円柱の直径をφで指示し、正方形角柱の一片の長さを□で指示すれば、右側面図なしでも形状が定まることがわかります。

### 正方形を表す寸法補助記号の使用例（図5-12-1）

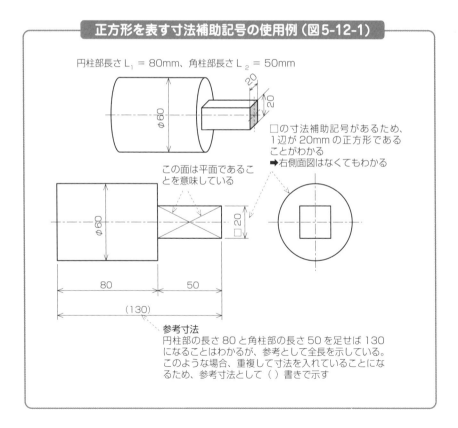

円柱部長さ L₁ = 80mm、角柱部長さ L₂ = 50mm

□の寸法補助記号があるため、
1辺が 20mm の正方形であることがわかる
➡ 右側面図はなくてもわかる

この面は平面であることを意味している

参考寸法
円柱部の長さ 80 と角柱部の長さ 50 を足せば 130 になることはわかるが、参考として全長を示している。このような場合、重複して寸法を入れていることになるため、参考寸法として（ ）書きで示す

図5-13-1に示すように、円弧部分の寸法を読むときは注意が必要です。

## ⚙ 円弧の長さ

　図 (a) は「円弧の弦の長さ」(角から角までの直線距離) を示していますが、図 (b) は「円弧の長さ」を示しています。図 (c) は角度を示しています。これらの寸法を間違えないように注意しましょう。

### 円弧の寸法記入上の注意 (図5-13-1)

(a) 弦の長さが 50mm　　(b) 円弧の長さが 52mm　　(c) 円弧が描かれている角度が 25°

　円弧の記号⌒は、図5-13-2のように数値の上につけても同じ意味になります。

### 円弧の記号の位置 (図5-13-2)

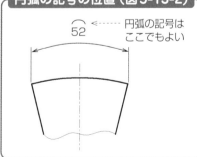

円弧の記号は
ここでもよい

### 名人からの アドバイス

**簡潔、明確な図面**

　図面において、板の厚さの指示には寸法補助記号 t を使用でき、t5 は厚さ5 mmを意味します。また、正方形は記号 □ を用いて1辺の長さを指示し、円弧の長さは記号⌒と数字で示します。これらの記号を利用することで、図面は簡潔かつ明確になり、形状が容易に理解できるようになります。

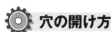

# 5-14 穴を開ける加工

　機械製品、器具、什器（じゅうき）、部品などに穴が開けられていることがあります。どのような直径の穴か？　何個開いているか？　深さは？　加工法は？──に対応する合理的な指示方法が定められているので、使いこなせるようになりましょう。

## 穴の開け方

　物体に穴を開けるにはいろいろな方法があります。よく用いられるのは次の方法です。

（a）ドリルで穴を開ける（**キリ**と呼ぶ）。

（b）ドリルで下穴を開けたあと、**リーマ**と呼ばれる工具で仕上げる。

（c）型で打ち抜く（**打抜き**と呼ぶ）。

（d）鋳造で穴を成型する（**鋳抜き**（いぬき）と呼ぶ）。

　木工の授業で、図5-14-1に示すような**錐（キリ）**と呼ばれる工具を使って、木材に穴を開けた経験がある方も多いと思います。

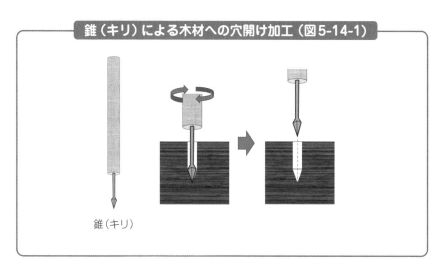

**錐（キリ）による木材への穴開け加工（図5-14-1）**

錐（キリ）

　同じように、金属や樹脂などの材料に穴を開ける場合には、ドリルの刃を使って加工します。このような方法を**キリ**と呼びます。通常、"キリ穴"と呼ばれたときには「ドリルで開けた穴」を意味するので、覚えておきましょう。

　一般的なドリルの刃は、図5-14-2（a）のようにらせん状の刃が形成され、先端が118°に尖（とが）っています。そのため、このようなドリルでキリ穴を開けると、図（b）（c）のようになります。図（c）のように穴を貫通させない場合、ドリルの刃の先端形状が残ります。この部分の角度は、製図では近似的に120°で描くことになっています。

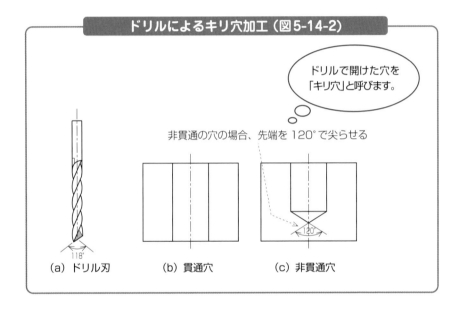

**ドリルによるキリ穴加工（図5-14-2）**

ドリルで開けた穴を「キリ穴」と呼びます。

非貫通の穴の場合、先端を120°で尖らせる

（a）ドリル刃　　　（b）貫通穴　　　（c）非貫通穴

　このほかに、キリ穴の加工後に、リーマと呼ばれる工具で仕上げ加工を施す場合があります。また、薄い板に穴を開ける場合などでは、型と**ポンチ**＊で打ち抜いて穴を開けることがなされます。このような穴開けを**打抜き**と呼びます。鋳造製品においては、鋳型の時点で穴が形成されるようにつくっておき、そこに溶融した金属などを流して穴の開いた物品を成型することもあります。このような方法を**鋳抜き**と呼びます。

＊**ポンチ**　　ドリルで穴を開ける際に、穴の中心を決めたりマーキングするための工具。

# 5-15 穴への寸法記入

キリ穴などの穴の寸法は、図5-15-1に示すような方法で指示します。図に示した方法はどれもよく用いられるので、使いこなせるようにしておきましょう。ここで "キリ" とは、先述のとおりドリルで穴を開けるという意味です。

## 穴に寸法を記入する方法

（1）の図では、穴の断面図中に穴の直径（φ20）と穴深さ（50）を直接記入しています。このとき、ドリルで開けた穴では先端が120°に尖りますが、穴としての役目を果たしているのはあくまでも直径20mmの穴の部分です。そのため、通常は直径20mmを保っている部分の穴の深さを指示します。

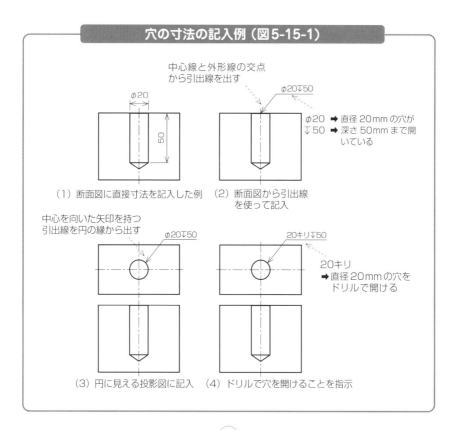

### 穴の寸法の記入例（図5-15-1）

中心線と外形線の交点から引出線を出す

φ20

φ20▽50

φ20 ➡ 直径20mmの穴が
▽50 ➡ 深さ50mmまで開いている

（1）断面図に直接寸法を記入した例　（2）断面図から引出線を使って記入

中心を向いた矢印を持つ引出線を円の縁から出す

φ20▽50

20キリ▽50

20キリ
➡ 直径20mmの穴をドリルで開ける

（3）円に見える投影図に記入　（4）ドリルで穴を開けることを指示

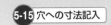
(2) の図は、断面図から引出線を使って穴の寸法を指示した例です。寸法補助記号φと穴深さ▽の記号を用いて、穴の直径と深さを指示しています。

(3) および (4) の図は、(1) および (2) で示した断面図の平面図に相当する、穴の円の形状が見える投影図に寸法を記入した例を示しています。このような場合、円の中心を向いた矢印を円の縁から斜めに引き出して、穴の直径と深さの寸法を記入します。特に、穴の加工方法 (どのような方法で穴を開けるか) を指示したい場合には、(4) の図にあるとおり"20キリ"などとします。

なお、貫通穴の場合は図5-15-2に示すように穴の深さを省略します。

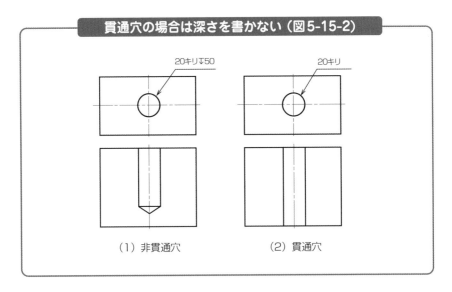

**貫通穴の場合は深さを書かない (図5-15-2)**

(1) 非貫通穴　　(2) 貫通穴

　図5-15-3 (a) に示すように、穴を加工する際、鋳造品で型を使って穴を成型する場合は"40イヌキ"、(b) のように薄板などにプレスで型抜きして穴を開ける場合は"30打ヌキ"、(c) のようにリーマ加工で仕上げる穴は"20リーマ"というように、加工方法の用語を使って指示することで、その穴をつくる際の加工方法を併せて指示できます。

## 穴の加工方法を表示した例（図5-15-3）

| (a) | (b) | (c) |
| --- | --- | --- |
| 40イヌキ | 30打ヌキ | 20リーマ |

　また、これらの加工方法は、表5-15-1に示すように、JIS B 0122「加工方法記号」に対応した記号で表すことも可能です。

　打抜きは**PPB**＊、キリ穴は**D**（Drilling）、機械加工によるリーマ仕上げは**DR**＊と指示することができます。

▼加工方法記号（表5-15-1）

| 加工方法 | 簡略表示 | 簡略表示<br>（加工方法記号）＊ |
| --- | --- | --- |
| 鋳抜き（鋳放し） | イヌキ | － |
| 打抜き（プレス抜き） | 打ヌキ | PPB |
| キリ（きりもみ） | キリ | D |
| リーマ仕上げ | リーマ | DR |

※JIS B 0122による記号。

### 名人からのアドバイス

### 穴の寸法

　穴の寸法記入法では、穴の径、個数、深さ、および加工法を明示します。穴を開ける方法としては、ドリルで穴を開ける（キリ）、ドリルで下穴を開けてから仕上げ工具（リーマ）で仕上げる、型で打ち抜く（打抜き）、鋳造で穴を成型する（鋳抜き）などがあります。図面において、穴の寸法は穴の断面図中に直接、または引出線を使って指示されます。

　穴の直径は記号と数字で、穴の深さは数字で示されます。また、加工方法も必要に応じて指示されます。

＊**PPB**　　Press working Punching Blankingの略。
＊**DR**　　　Drilling Reamingの略。

# 5-16 ざぐり寸法の記入法

**ざぐり（座ぐり）**とは、ボルト、ワッシャー、ねじなどが接触する面を切削加工して平らにすることです。これらの具体例と寸法記入法を知っておきましょう。

## ざぐり、深ざぐり

ボルトで締め付けられる面に凹凸があると、締め付け面が密着せず、均一に締め付けられなかったり、容易に緩んだり、ねじ部品が損傷するといった問題が起こってしまいます。そのため、締め付け面が平らでない場合には、ざぐりをして平らな面をつくってから、ボルトなどで締め付けます。座面をつくるためにわずかな削り代でざぐりを行う場合のほかに、ざぐりを深く入れる深ざぐりを施す場合もあります。

ざぐりを意図的に深くすることで、ボルトやナットの頭を物品から飛び出さないようにすることがあります。深ざぐりを施した物品の例を図5-16-1および図5-16-2に示します。

### 深ざぐりを施した物品の例（図5-16-1）

ボルトの頭が隠れる程度の深さまで深ざぐりを入れている

深ざぐりがない場合、ボルトが物品から飛び出す

深ざぐりがあるため、ボルトがざぐりの中に隠れる

(a) 深ざぐりを施したフランジ　　(b) 深ざぐりがない場合　　(c) 深ざぐりがある場合

## 深ざぐりに六角穴付きボルトを挿入した例（図5-16-2）

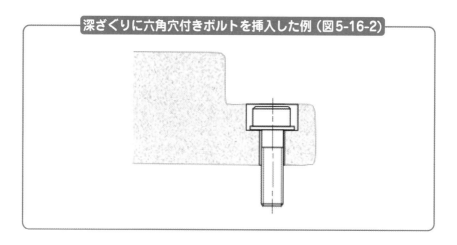

　ざぐりおよび深ざぐりの寸法記入法を図5-16-3に示します。（a）の図に示すように、直径10mmの穴を開けたのち、直径14mmで深さ7mmの深ざぐりを入れるとします。各寸法を直接記入した図（a）に対して、寸法補助記号を用いて図（b）、（c）のように指示することもできます。これらの寸法を読めるようにしておきましょう。

## ざぐりの寸法記入例（図5-16-3）

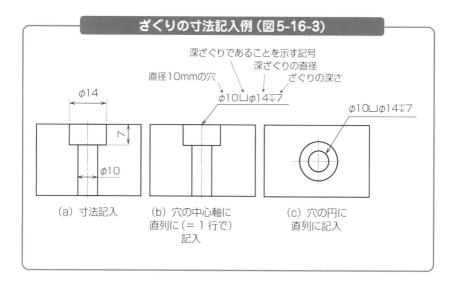

ざぐりの寸法は、図5-16-4に示すように入れることも可能です。すなわち、引出線の矢印の先端は、先ほど図5-16-3（c）に示したように、基本となる穴（図では直径10の穴）の円から斜めに引き出すほかに、図5-16-4のように外側の円（ざぐり側穴の線）から引き出して、φ10と⊔φ14▽7を並列で（＝改行して2行で）書く方法もあります。ただし、同じ図面の中では、図5-16-3（c）と図5-16-4のいずれかの入れ方に統一したほうがよいでしょう。

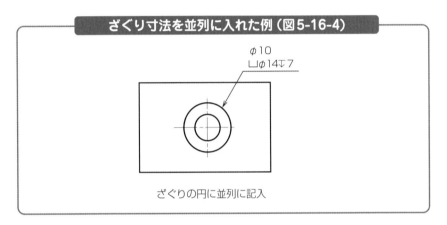

ざぐり寸法を並列に入れた例（図5-16-4）

φ10
⊔φ14▽7

ざぐりの円に並列に記入

## 皿ざぐり

図5-16-5に示すように、皿ねじの頭の形状に合わせて90°の皿状に入れられたざぐりを、皿ざぐりといいます。

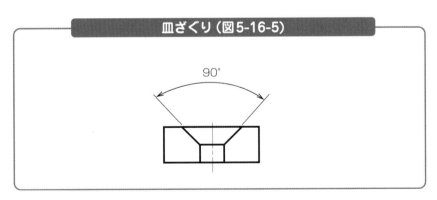

皿ざぐり（図5-16-5）

90°

　90°の皿ざぐりの寸法は、図5-16-6のように示されます。この図の例では、直径9mmの穴を開けたのち、90°の皿ざぐりの加工を施し、皿の最大径が17.8mmになるまで皿ざぐりを入れることを意味しています。その際、寸法補助記号の∨を記入します。皿ざぐりについても、図5-16-7に示すように並列で寸法を入れることも可能です。

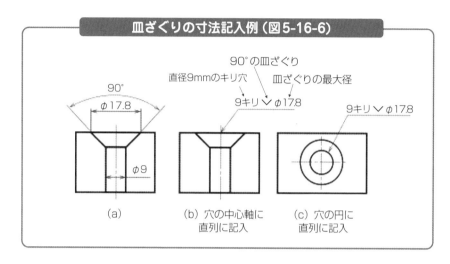

**皿ざぐりの寸法記入例（図5-16-6）**

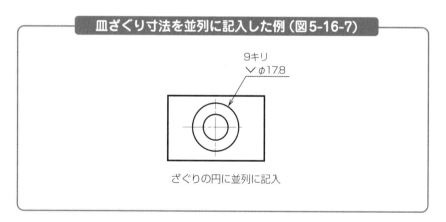

**皿ざぐり寸法を並列に記入した例（図5-16-7）**

5

寸法の入れ方・読み方

# 5-17 円錐（台）を表す記号∧

円錐状または円錐台状の部分に寸法を記入する際には、寸法補助記号を使用することができます。

## ⚙ 円錐（台）への寸法記入

図5-17-1に示すように、円錐状あるいは円錐台状の面取りに対して、寸法補助記号∧を用いて寸法を記入できます。

図（a）のように、角度120°の円錐に対しては、引出線と参照線を用いて「∧120°」と寸法を記入します。図（b）のように、「φ5」で示された平面部がある円錐台の場合は、図（c）のように寸法を記入します。

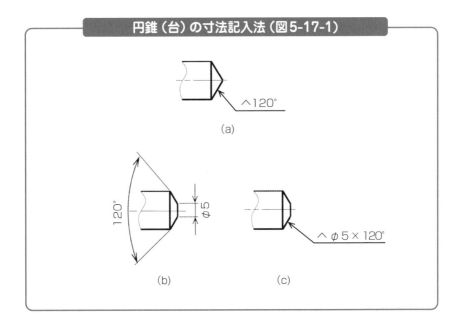

**円錐（台）の寸法記入法（図5-17-1）**

∧120°

(a)

120°

φ5

∧φ5×120°

(b)　　　　(c)

# 5-18 キー溝などの長円穴の寸法記入法

軸には、動力伝達用キーを入れるための長穴状の溝が掘られることが多くあります。これをキー溝と呼びます。このような溝への寸法記入について学びましょう。

## 長円の穴の寸法記入

キー溝など、長円の穴に寸法を記入する方法を説明します。図5-18-1に示すように、幅が10mm、長さが40mmの長円の穴の寸法記入を考えます。

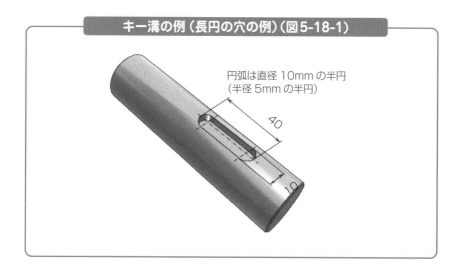

**キー溝の例（長円の穴の例）（図5-18-1）**

円弧は直径10mmの半円
（半径5mmの半円）

40

10

これらの寸法の記入法を図5-18-2に示します。

図（a）は、長円の長さ40mmと幅10mmで寸法を示しています。このとき、円弧は半円なので、幅10mmと指示されていればR5であることはわかります。そのためR5ではなく（R）と指示します。

図（b）は、平行な2面の長さ30mmと幅で寸法を指示した例です。

図（c）は、幅を指定する代わりに、この長円を加工するための工具（エンドミル）の直径で指示した例です。直径10mmのエンドミルが想像線（二点鎖線）で描かれています。

図 (d) は、引出線および参照線上に、幅10mm、長さ30mmの長円の穴であることを「SLOT 10×40」と指示した例です。

図5-18-2の (a)〜(d) はいずれも同じ意味の寸法指示です。

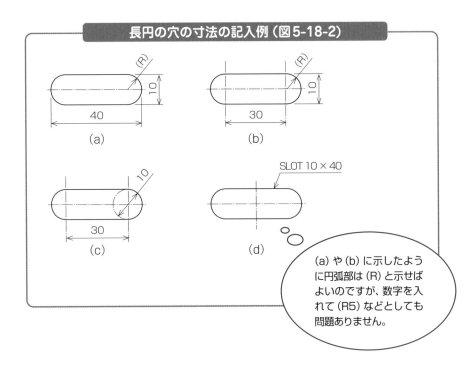

長円の穴の寸法の記入例（図5-18-2）

(a)
(b)
(c)
SLOT 10 × 40
(d)

(a) や (b) に示したように円弧部は (R) と示せばよいのですが、数字を入れて (R5) などとしても問題ありません。

**名人からのアドバイス**

### 円錐や長円の穴の寸法

　円錐や円錐台の寸法は、寸法補助記号⌒で示されます。角度120°の円錐は⌒120°と示されます。長円の穴の寸法記入は、幅10mm、長さ40mmで表現され、その他の方法として、工具の直径や「SLOT 10×40」のような指示が用いられます。

---

**COLUMN** キー溝の寸法や形状を理解する

キー溝は、機械のコンポーネントを軸に固定するための重要な要素です。機械製図におけるキー溝の表現は、機械設計の基本を理解する上で欠かせない知識となります。

キー溝は、シャフト上に設けられる溝であり、**キー**と呼ばれる小さな金属片を挿入することで、シャフトと他の機械部品とを固定する役割を果たします。

機械の動きを適切に制御するためには、軸とそれに取り付けられるギアやプーリーなどの部品がしっかり結合されていることが重要であり、キー溝はその結合を実現する手段の1つとなります。

キー溝の設計では、その形状や寸法が重要な要因となり、これにより機械の動作精度や耐久性が影響を受けます。

キー溝の製図においては、キー溝の幅、深さ、位置などを明確に表現することが求められます。これらの寸法は、機械の設計者によって計算され、製図にも正確に反映される必要があります。

また、キー溝の形状も異なる場合があり、例えば、平行キー溝、テーパーキー溝、ウッドラフキー溝などがあり、それぞれの設計において最適なキー溝の形状を選定することが重要です。

機械製図を読む際には、キー溝の寸法や形状を理解し、それが機械の動作やパフォーマンスにどのように影響を与えるかを理解することが重要です。

# 5-19 軸のキー溝の寸法記入

軸端に設けられたキー溝の寸法を記入する場合は、図5-19-1のようにします。

## ⚙ 軸のキー溝の深さ

キー溝の深さは、右側面図にあるとおり、軸の外径部からキー溝の底までの寸法によって指示します。なお、図5-19-2に示すように、キー溝を加工する際の工具の切込み深さの寸法で示すことも可能です（ただし、これは旧規格による指示法です）。

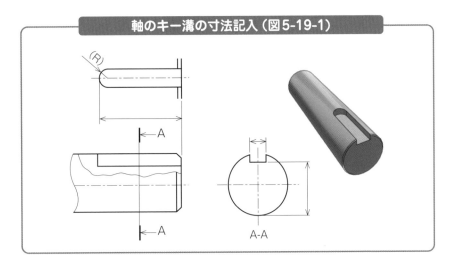

**軸のキー溝の寸法記入（図5-19-1）**

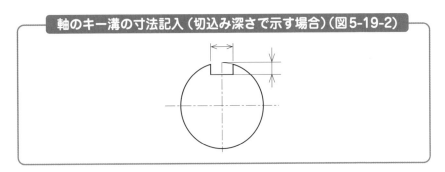

**軸のキー溝の寸法記入（切込み深さで示す場合）（図5-19-2）**

# 5-20 穴のキー溝の寸法記入

　穴のキー溝の寸法を記入する場合は、図5-20-1にあるとおり、キー溝の深さを「穴の直径部からキー溝の天井までの寸法」で示します。

## 穴のキー溝の深さ

　図5-20-2に示すように、キー溝を加工する際の工具の切込み深さの寸法で示すことも可能です（ただし、これは旧規格による指示法です）。

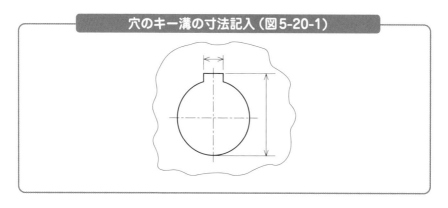

穴のキー溝の寸法記入（図5-20-1）

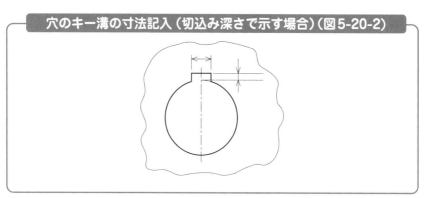

穴のキー溝の寸法記入（切込み深さで示す場合）（図5-20-2）

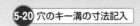

また、キー溝が断面に表れている場合の穴の内径の寸法を示す場合は、図5-20-3に示すように、キー溝のない側の内径部から片側矢印で示します。キー溝側に表れている線は内径部の線ではないため、キー溝側に矢印をつけるのは誤りです。

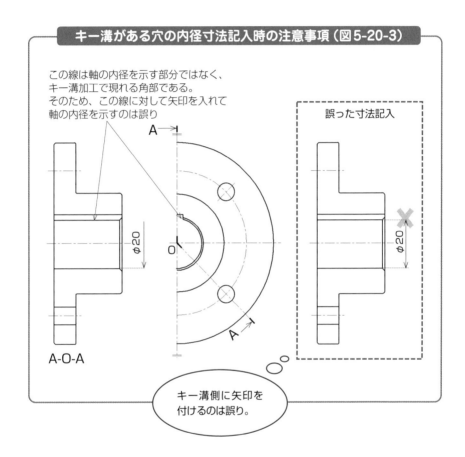

# 5-21 繰り返し形状の 寸法記入法

穴などが等間隔に複数開けられている場合、その配置を示す寸法を一括指定する方法が用いられます。

 ## 同じ穴が等間隔で連続配置されている場合

例として、同じ形状（φ10）の穴が等間隔（30mmごと）に20個開いているとします。この場合、図5-21-1に示すように、穴の寸法を一括で記入します。このように、穴の間隔、直径、個数を1か所に示した上で、

間隔の数×間隔＝距離 [19×30（＝570）]

を示しています。この方法は、穴以外の連続する同一形状に対しても適用されます。

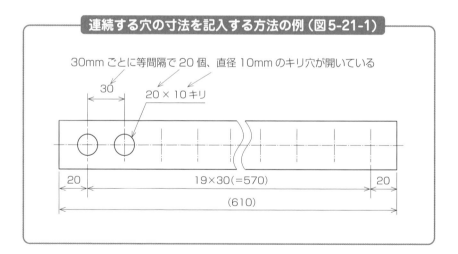

**連続する穴の寸法を記入する方法の例（図5-21-1）**

30mm ごとに等間隔で 20 個、直径 10mm のキリ穴が開いている

30

20 × 10 キリ

20    19×30(=570)    20

(610)

# 5-22 寸法記入時の注意事項

## 寸法を記入する場所の優先順位

寸法記入場所の優先順位は次のとおりです。これを意識した上で寸法の記入や図面の読み取りを行うとよいでしょう（図5-22-1）。

① 寸法は、基本的に主投影図（正面図）に集中して入れる。

② 主投影図に入らない寸法を、側面図や平面図に入れる。

③ セットになっている寸法は、同じ投影図に入れる。

### 寸法記入例（図5-22-1）

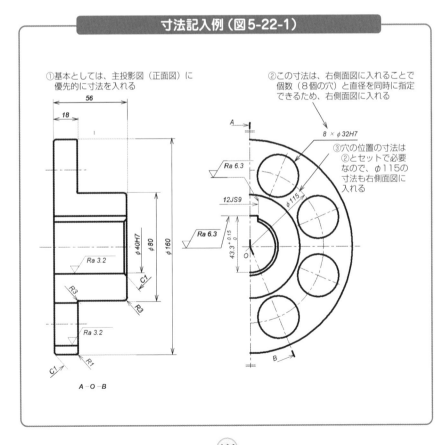

①基本としては、主投影図（正面図）に優先的に寸法を入れる

②この寸法は、右側面図に入れることで個数（8個の穴）と直径を同時に指定できるため、右側面図に入れる

③穴の位置の寸法は②とセットで必要なので、φ115の寸法も右側面図に入れる

## COLUMN 寸法記入の正確さと明瞭さ

　寸法記入は機械製図の核心といえる部分であり、設計者の意図を正確に伝え、製作者が正確な品物を作る基盤となります。製図は、言葉ではなく図面でアイデアを伝える方法であり、寸法記入はその中で特に重要な要素です。正確な寸法記入なしには、設計思想を製造現場に伝えることは困難であり、設計の質も保証できません。

　寸法記入には、基本的な寸法（長さ、幅、高さ）、角度、位置関係、そして特殊な要件（例えば、表面性状や公差、はめあい関係など）を明示する必要があります。

　これらの寸法は製図上の特定の線や記号を使用して表現され、通常は数値と単位で示されます。寸法記入の正確さと明瞭さは、製品の品質と機能を保証する上で不可欠です。

　寸法記入は、厳格な規則と規約に従って行われます。これは、国際標準（ISO）や国内標準（JISなど）で定められ、さらには各企業の内部規定によって定められることもあります。これらの規則は、寸法記入の一貫性と解釈の明確さを保証し、多くの場合、図面の読み手が寸法を正確に理解し解釈することを可能にします。

　機械製図において、寸法は通常、外形図や断面図、そして詳細図に記入されます。外形図では品物の全体的な寸法が示され、断面図では内部の構造や寸法が明示され、詳細図では特定の部分の寸法や特殊な要件が明示されます。

　寸法記入の技術習得は学習と経験を要します。また、設計者は常に明確で簡潔な寸法記入を心がけ、可能な限り誤解を避ける努力をしなければなりません。

# Memo

# 公差

　品物を製作する際は、どう頑張っても目標の寸
法ピッタリのものはできません。また、同じもの
を複数つくったとき、その寸法はわずかに異な
り、まったく同じにはなりません。そのため、実
際には許容できる寸法の範囲を決めて、その中に
収まっていれば合格とします。この「許容できる
寸法の範囲」をサイズ公差または単に公差と呼び
ます。ここでは、サイズ公差の仕組みと読み取り
方を学びます。

# 6-1 サイズ公差

製品を目標寸法ピッタリに加工し、かつそれを大量に低コストで生産することはできません。大量生産された品物は、**同じ製品であっても1つひとつのサイズがわずかに違います**。それでも、不良品が大量に発生することはありません。

つまり、サイズがわずかに異なってしまうのは想定の範囲内であり、そのバラツキをコントロールすることで品質を確保しています。

## ⚙ サイズ公差とは

製品や部品の機能や役割に応じて、許される寸法の範囲を含めた設計がなされています。この寸法の範囲を**サイズ公差**と呼びます。単に**公差**と呼ばれることもあります。なお、サイズ公差は2016年のJIS改定までは**寸法公差**と呼ばれていました。そのため、実務の場では寸法公差という呼び名も多く使われています。

例として、図6-1-1に示すような長さ300mmの棒を考えます。また、この棒の長さは299.5〜300.5mmの間でなければならないとします。このとき、これらの数値を次のように呼びます。

---

①**図示サイズ**　　　➡ 基準となる寸法L＝300mm

②**上の許容サイズ**　➡ 許される最大寸法A＝300.5mm

③**下の許容サイズ**　➡ 許される最小寸法B＝299.5mm

④**サイズ公差（公差）**➡ t＝A−B

---

基準や目標となる寸法（ここでは棒の長さ300mm）を**図示サイズ**と呼びます。これを目標に棒を切断するなどして製作しますが、実際の製品の長さは変動します。

このとき、許される最小の寸法を**下の許容サイズ**、許される最大の寸法を**上の許容サイズ**と呼びます。製品の長さがこの範囲にあれば合格で、この範囲から外れていたら不合格となります。

この、許容できる寸法の範囲（上下の許容サイズの差）を**サイズ公差**と呼びます。

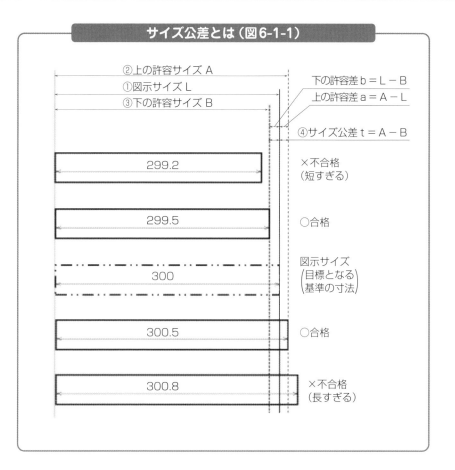

サイズ公差とは（図6-1-1）

②上の許容サイズ A
①図示サイズ L
③下の許容サイズ B

下の許容差 b ＝ L － B
上の許容差 a ＝ A － L
④サイズ公差 t ＝ A － B

299.2 — ×不合格（短すぎる）

299.5 — ○合格

300 — 図示サイズ（目標となる）基準の寸法

300.5 — ○合格

300.8 — ×不合格（長すぎる）

名人からのアドバイス

## 許容される最大寸法と最小寸法の範囲

　**サイズ公差**は、製品の目標寸法を基準に、許容される最大寸法と最小寸法の範囲を定めるもので、これにより品質を保ちながら大量生産を実現します。製品や部品の実際の寸法は変動しますが、この許容範囲内であれば合格とし、範囲外であれば不合格と判断します。サイズ公差は以前、**寸法公差**と呼ばれていました。サイズ公差は製品の機能や役割に応じて設計され、コストを低く抑えつつ品質を確保する重要な要素といえます。

6
公差

サイズ公差は、ものを設計する際に設計者が決めています。サイズ公差はどのように決められているのでしょうか。

## サイズ公差とは

　公差を小さくするほど、不具合は起きにくくて安心だと思えますが、公差を小さくすればするほど、コストがかかります。設計者は、次のことを両立させる最適な仕様を示す必要があります。

---

1. 製品に求められる機能・性能を満足する設計
2. 「1.」を満たした上で、なるべくコストを低く抑える

---

　例えば、直径20mmで長さ100mmの軸をつくることを考えます。材料として市販のφ20の長い丸棒を購入してきて、100mmごとに切断してつくるとします。このとき、長さと太さに求められる公差が十分に大きくて、「太さは買ってきた材料のままで合格、長さは切断機で切断しただけで合格」になれば、必要な加工は「切断」だけです。また、その検査（測定）も容易です。そのため、設備、加工の工程、加工や検査の人員などが省かれ、かつ短い時間でより多くの製品がつくられるので、結果的にコストが低くなります。一方、上記のような精度で十分な製品に対して、設計者が必要以上に厳しいサイズ公差（公差を小さくする）を設定したらどうなるでしょうか。棒の太さと長さがともに公差に収まらないのであれば、切断したのちに次のような工程が追加されます。

- ・棒の長さと太さを測定する。
- ・棒の加工を施す（長さと太さを公差に収めるための加工）。
- ・棒の長さと太さを測定する（不適合品は再加工または処分）。

　この場合は、加工を行う設備（機械）を追加で導入する必要があります。また、工程、検査と加工の人員も増え、コストが増大します。以上の観点から、品物の機能や性能に応じて、適正なサイズ公差が指示されなければなりません。

　具体例として、図6-2-1に示すように、フランジの穴に軸が挿入される場合を考えます。このように、軸と穴が互いにはまりあうときの関係を**はめあい**と呼びます。

　軸の細い部分がフランジの穴に挿入される場合、この軸と穴の双方について、適正なサイズ公差を与えなければ、「軸が太すぎて入らない」、「軸が細すぎてガタガタになる」などの問題が生じます。そのため、軸の細い部分とフランジの穴の部分のサイズ公差は重要になることがわかります。一方で、軸の太い側や、フランジの穴以外の外形部分については、特に何かと組み合されたりする部分ではありません。そのため、相対的にサイズ公差が大きくてもよいといえます。設計にあたってはこういったことを考慮し、部位ごとの適正なサイズ公差を決めて図面に指示を入れる必要があります。

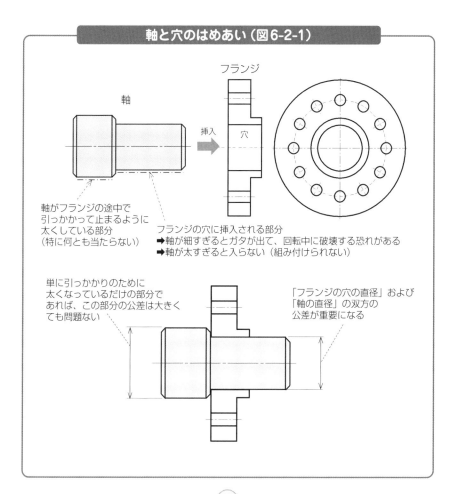

**軸と穴のはめあい（図6-2-1）**

フランジ

軸

挿入

穴

軸がフランジの途中で
引っかかって止まるように
太くしている部分
（特に何とも当たらない）

フランジの穴に挿入される部分
➡軸が細すぎるとガタが出て、回転中に破壊する恐れがある
➡軸が太すぎると入らない（組み付けられない）

単に引っかかりのために
太くなっているだけの部分で
あれば、この部分の公差は大きく
ても問題ない

「フランジの穴の直径」および
「軸の直径」の双方の
公差が重要になる

**6**

公差

公差を示す際に「どのような公差を指定するか？」および「どのように公差を指示するか？」にそれぞれ種類があり、製品の目的に応じて使い分けます。これらの表示内容を読み取れるようにする必要があります。

## 公差の表し方

公差の表し方を分類して、表6-3-1に示します。公差は**サイズ公差**と**幾何公差**（次章参照）に大別できます。なお、「公差」は前述のとおり「サイズ公差」の略称として使われることが多いのですが、「サイズ公差と幾何交差の総称」の意味もあるのでご注意ください。

> サイズ公差：2点間の距離の範囲を規定するもの
> 幾何公差：品物を形づくる面や線などの幾何学的な形状を規定するもの

▼公差の表し方（表6-3-1）

| 種別 | 方法 | 公差の表示法 | 表示の例 |
|---|---|---|---|
| **サイズ公差**<br><br>2点間の距離の範囲を規定する | 数値による表示 | 上の許容差と下の許容差を数値で指示する | $\phi 30 {}^{+0.006}_{-0.015}$ |
| | 記号による表示（公差クラス） | ISOで規定された記号と公差の関係に基づいて、記号で指示する | $\phi 30 K7$ |
| **幾何公差**<br><br>品物を形づくる面や線などの幾何学的形状を規定する | 直角度<br>平面図<br>真直度<br>真円度<br>…など | 幾何学的な公差の種類を表す記号と数値で指示する | \|─\| 0.1 \|<br><br>\|//\| 0.1 \| A \|<br>…など |

サイズ公差は、着目する2点の距離を規定したものです。例えば、「軸の直径が $\phi 99.95 \sim \phi 100.05$ の範囲に収まるようにする」などが該当します。

　サイズ公差を指示する方法は2つあります。公差を「φ30$^{+0.006}_{-0.015}$」のように**数値で示す方法**（図6-3-1 (a)）、および「φ30K7」のように**記号で示す方法**（図6-3-1 (b)）です。あとで説明しますが、実はこの2つは同じサイズ公差になります。

　数値で示したほうが許容差がわかりやすいと思えますが、記号で示す方法にもメリットがあります。特に、穴と軸、溝と突起などのように、互いにはめあわせが起こる関係の場合には、軸と穴の双方の許容差の組み合わせに応じて、「すきま」が生じたり、穴のほうが小さくなって「しめしろ」が生じたりします。このような関係を**はめあい**と呼びますが、数値でサイズ公差を指示した場合には、穴と軸の双方の数値を考えないと、「常にすきまが出るのか？」、「常にしめしろが出るのか？」、「すきまが出る場合もあればしめしろが出る場合もあるのか？」がわかりません。このような場合は、公差を記号で表すことで一目瞭然になります。詳しくは後述します。

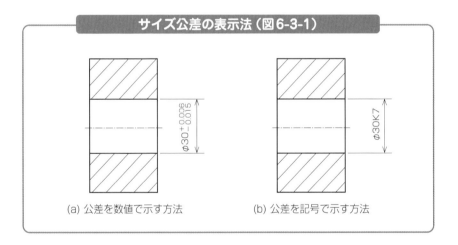

**サイズ公差の表示法（図6-3-1）**

(a) 公差を数値で示す方法　　　(b) 公差を記号で示す方法

　サイズ公差は2点間の長さを示していますが、実際の製品では、面や線が三次元的に形状をつくり、幾何学的な形体をしています。幾何公差は、この幾何学的な形体について、許容できる範囲を与える方法になります。

　製品の精密化、精度向上が進み、グローバルにモノづくりがなされている今日では、幾何公差の重要度が増しています。詳しくは後述します。

# 6-4 はめあい (ISO はめあい方式)

軸と穴、突起と溝などが互いに組み付けられる場合には、両者の関係によって**すきまやしめしろ**が出ます。このような関係を**はめあい**と呼びます。はめあいの公差を表すには、記号による方法が用いられます。記号から公差の数値を読み取れるようにしましょう。

## はめあい

図6-4-1で、軸と穴のはめあいを考えます。図 (a) のように「軸よりも穴のほうが大きい」場合、軸と穴の間にはすきまが生じます。

反対に、図 (b) のように「穴よりも軸のほうが大きい」場合は、しめしろが生じます。しめしろがあるため、軸を穴に挿入するときには、圧入したり (油圧などで荷重をかけて挿入する)、ハンマーなどでたたいたり、加熱して熱膨張させてから挿入する (焼きばめ) などの方法で組み付けられます。

### 軸と穴の関係 (図6-4-1)

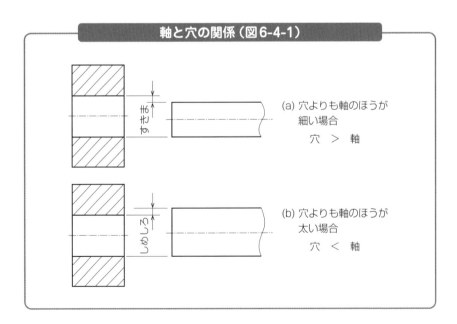

(a) 穴よりも軸のほうが
細い場合
    穴 ＞ 軸

(b) 穴よりも軸のほうが
太い場合
    穴 ＜ 軸

154

# 6-5 はめあいの種類

はめあいにおいて、軸と穴の双方に交差があるため、その組み合わせによって
すきまができたり、しめしろができたり、いろいろなケースが起こります。はめあ
いの種類を大別すると、**すきまばめ**、**しまりばめ**、**中間ばめ**の3種類になります。

## すきまばめ

図6-5-1に示すように、穴の「下の許容サイズ」よりも、軸の「上の許容サイズ」が
小さい場合、どのような組み合わせの場合でもすきまが発生します。このような場合を
**すきまばめ**と呼びます。

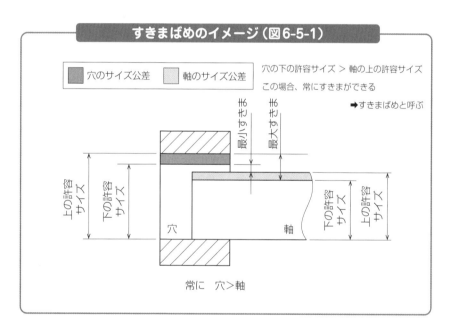

すきまばめのイメージ（図6-5-1）

穴のサイズ公差　軸のサイズ公差

穴の下の許容サイズ ＞ 軸の上の許容サイズ

この場合、常にすきまができる

➡すきまばめと呼ぶ

最小すきま　最大すきま

上の許容サイズ　下の許容サイズ　穴　軸　下の許容サイズ　上の許容サイズ

常に　穴＞軸

## しまりばめ

図6-5-2に示すように、常にしめしろが出るはめあいを**しまりばめ**と呼びます。

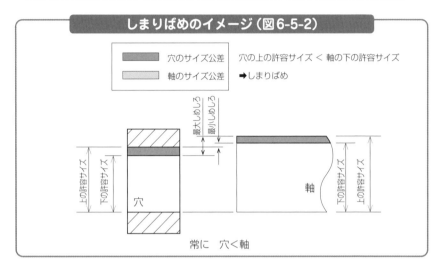

しまりばめのイメージ（図6-5-2）

## 中間ばめ

図6-5-3に示すように、穴のサイズ公差と軸のサイズ公差の一部が重なっているため、はめあわせる穴と軸の組み合わせに応じて、すきまが出たり、しめしろができたりします。

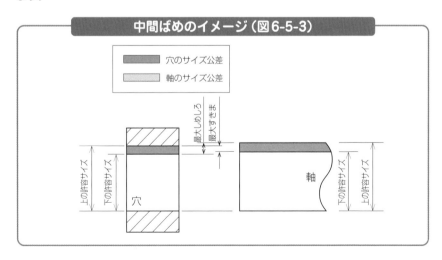

中間ばめのイメージ（図6-5-3）

# 6-6 穴基準はめあいと 軸基準はめあい

　互いに組み合わされる軸と穴など、はめあいを持つ部分を製作する際は、穴か軸のいずれかを基準にして、もう一方のサイズを決めるのが普通です。このとき、どちらを基準にするかによって、穴基準はめあいと軸基準はめあいがあります。

## 穴基準はめあい

　図6-6-1（a）に示すように、基準となる穴を決めておき、これに対して軸の公差を変更することで目的のはめあい関係をつくります。つまり、すきまばめにしたいのか？しまりばめにしたいのか？　中間ばめにしたいのか？　に応じて、軸のサイズ公差を定めていきます。例えば、基準となる穴H（アルファベットの意味は後述します）に対して、アルファベットの小文字で示されるように軸の公差クラスを変えていくことで、目的のはめあい状態をつくり出します。

## 軸基準はめあい

　穴基準はめあいとは逆に、図6-6-1（b）に示すように、基準となる軸を決めておき、これに対して穴の公差を変更することで目的のはめあい関係をつくります。

　JISでは、穴基準はめあい、軸基準はめあいの両方が規定されています。ただし、一般的には穴よりも軸のほうが加工しやすいため、特に理由がないのであれば、穴基準はめあいが推奨されています。

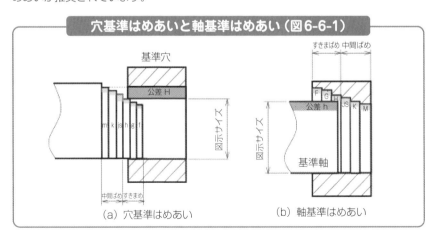

穴基準はめあいと軸基準はめあい（図6-6-1）

（a）穴基準はめあい　　（b）軸基準はめあい

6
公差

# はめあいの読み取り方

　穴や軸などの図示サイズに応じて、サイズ公差が表6-7-1のように定められています。IT＊のあとに数値をつけて、「IT7」などのように公差等級を表します。

## 公差等級とサイズ公差

**例) 公差等級をIT7としたときに、直径100mmの軸のサイズ公差は？**

➡図示サイズ「80mm超、120mm以下」のIT7は、「35μm（0.035mm）」であることが表6-7-1よりわかります。公差等級が小さいほど、公差の数値が小さく、より高精度の加工が要求されます。

▼公差等級一覧（表6-7-1）

| 図示サイズ mm | | 基本サイズ公差等級 | | | | | | | | | | | |
|---|---|---|---|---|---|---|---|---|---|---|---|---|---|
| | | IT01 | IT0 | IT1 | IT2 | IT3 | IT4 | IT5 | IT6 | IT7 | IT8 | IT9 | IT10 |
| 超 | 以下 | 基本サイズ公差値　μm | | | | | | | | | | | |
| − | 3 | 0.3 | 0.5 | 0.8 | 1.2 | 2 | 3 | 4 | 6 | 10 | 14 | 25 | 40 |
| 3 | 6 | 0.4 | 0.6 | 1 | 1.5 | 2.5 | 4 | 5 | 8 | 12 | 18 | 30 | 48 |
| 6 | 10 | 0.4 | 0.6 | 1 | 1.5 | 2.5 | 4 | 6 | 9 | 15 | 22 | 36 | 58 |
| 10 | 18 | 0.5 | 0.8 | 1.2 | 2 | 3 | 5 | 8 | 11 | 18 | 27 | 43 | 70 |
| 18 | 30 | 0.6 | 1 | 1.5 | 2.5 | 4 | 6 | 9 | 13 | 21 | 33 | 52 | 84 |
| 30 | 50 | 0.6 | 1 | 1.5 | 2.5 | 4 | 7 | 11 | 16 | 25 | 39 | 62 | 100 |
| 50 | 80 | 0.8 | 1.2 | 2 | 3 | 5 | 8 | 13 | 19 | 30 | 46 | 74 | 120 |
| 80 | 120 | 1 | 1.5 | 2.5 | 4 | 6 | 10 | 15 | 22 | 35 | 54 | 87 | 140 |
| 120 | 180 | 1.2 | 2 | 3.5 | 5 | 8 | 12 | 18 | 25 | 40 | 63 | 100 | 160 |
| 180 | 250 | 2 | 3 | 4.5 | 7 | 10 | 14 | 20 | 29 | 46 | 72 | 115 | 185 |
| 250 | 315 | 2.5 | 4 | 6 | 8 | 12 | 16 | 23 | 32 | 52 | 81 | 130 | 210 |
| 315 | 400 | 3 | 5 | 7 | 9 | 13 | 18 | 25 | 36 | 57 | 89 | 140 | 230 |

＊**IT**　　　International Toleranceの略。

公差等級によってサイズ公差が示されますが、その位置を定める必要があります。

例えば、直径100mmでIT7の公差等級の軸は、0.035mmのサイズ公差を持つことになりますが、それが、100.000〜100.035なのか、99.965〜100.000なのか、起点を定める必要があります。これを、図6-7-1に示すように公差クラスで示します。

図6-7-1の上段 (a) は、穴に対する公差クラスであり、記号をアルファベットの大文字で表すのが特徴です。一方、下段 (b) は、軸に対する公差クラスであり、記号を小文字で表します。例えば、下段の軸の公差クラスを見ると、記号hを境に大きな違いがあります。

hは、軸の「上の許容サイズ」が図示サイズaと同じで、それより小さい側 (細くなる側) にサイズ公差が入ります。つまり、記号hと書かれていたら、「それは軸である」ことと、「最大でも図示サイズと同じ」ということがわかります。

hより前のアルファベットに向かうにつれて、より小さい (細い) 側に上の許容サイズがシフトします。逆に、hよりもあとのアルファベットになるにつれて、図示サイズよりも大きい (太い) 側にシフトします。

また、上段の図 (a) に示すとおり、穴の場合には記号が大文字になります。Hの場合、穴の「下の許容サイズ」が図示サイズと同じになり、サイズ公差は穴が広がる方向に与えられます。

例えば、hで示された軸とGで示された穴を組み合わせた場合、すきまばめになることは明らかです。このように、公差等級と公差クラス記号を用いることで、軸と穴の上と下の許容サイズがわかるだけでなく、はめあいの関係も一目瞭然になります。

**6**
公差

## 公差等級が小さいほど高精度の製品

サイズ公差では、図面上の穴や軸のサイズを基準にITに続く数値で公差等級を示し、その等級が小さいほど高精度の製品となります。公差等級は固定された範囲のサイズ公差を示し、公差クラスはその範囲が製品のどの部分に適用されるのかを明示します。穴と軸に対しては、大文字と小文字のアルファベットを用いて公差クラスを示します。これにより、製品の許容サイズとはめあいの関係が明確になります。

## 公差クラス（記号）と穴と軸の公差域（図6-7-1）

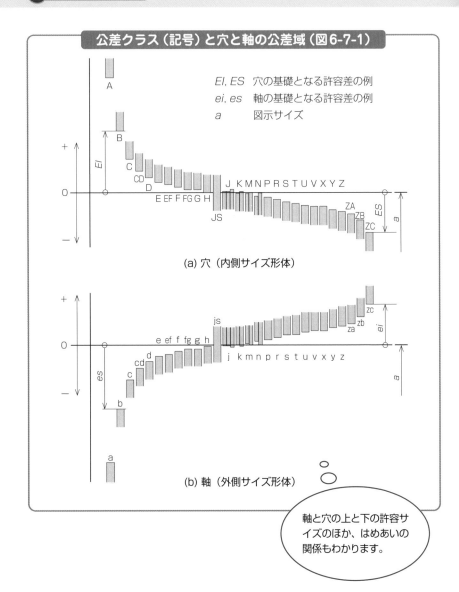

*EI, ES* 穴の基礎となる許容差の例
*ei, es* 軸の基礎となる許容差の例
*a* 図示サイズ

(a) 穴（内側サイズ形体）

(b) 軸（外側サイズ形体）

軸と穴の上と下の許容サイズのほか、はめあいの関係もわかります。

160

　具体的な許容差の数値をもとに、「上の許容サイズ」と「下の許容サイズ」を読み取って、はめあいを考えてみましょう。

　表6-7-2に「穴の場合の基礎となる許容差の数値」を、表6-7-3に「軸の場合の基礎となる許容差の数値」を示します。これらは、JIS B 0401-2：2016（ISO 286-2：2010）の抜粋です。

---

**COLUMN　設計者、エンジニアにとって不可欠なスキル「はめあい」**

　機械製図における「はめあい」は、軸と穴、または他の対応する機械要素間の幾何学的および次元的な関係を指します。

　機械は動くものです。そして、その動きをスムーズに、かつ予測可能に行うには、部品同士の正確なはめあいが不可欠です。しかし実際には、完璧なはめあいは製造プロセスの誤差や材料の変動などにより非常に難しいものとなります。

　ここで**サイズ公差**という概念が登場します。公差は、設計者が許容する最小および最大の寸法の範囲を示し、これにより製造者は、適切な範囲内で部品を作成することができます。

　軸と穴の関係は、典型的なはめあいの例としてしばしば取り上げられます。穴の寸法と軸の寸法がどのように対応するかによって、はめあいは「すきまばめ」、「中間ばめ」または「しまりばめ」といった異なるタイプに分類されます。それぞれのはめあいタイプは、機械の異なる動作や要件を満たすために用いられます。

　はめあいの精度は、製品の性能、耐久性、そして安全性に直接影響を与えます。例えば、過剰なすきまは、部品の不要な動きや振動を引き起こし、結果として機械の効率や寿命を低下させる可能性があります。逆に、不十分なすきまは、部品の過度の摩擦や圧入を引き起こし、これもまた機械の効率や寿命を低下させる可能性があります。

　はめあいの読み取りと解析は、設計者やエンジニアにとって基本的かつ不可欠なスキルであり、それは機械製図の基本を理解し、適切な設計決定を行う能力を表します。機械製図におけるはめあいの理解は、製品の性能を最適化し、コストを抑え、そして何よりも製品の安全性を保証するために不可欠です。

**6**

**公差**

▼穴の場合の基礎となる許容差の数値〈参考〉（表6-7-2）

| 基礎となる寸法許容差 | | 下の許容差 EI | | | | | | | | | |
|---|---|---|---|---|---|---|---|---|---|---|---|
| 公差域の位置 | | B | C | D | E | F | G | H | JS | J | |
| 公差等級 寸法の区分 (mm) | | すべての公差等級 | | | | | | | | 6 | 7 |
| を超え | 以下 | | | | | | | | | | |
| - | 3 | +140 | +60 | +20 | +14 | +6 | +2 | 0 | 寸法許容差は ±IT/2 とする | +2 | +4 |
| 3 | 6 | +140 | +70 | +30 | +20 | +10 | +4 | 0 | | +5 | +6 |
| 6 | 10 | +150 | +80 | +40 | +25 | +13 | +5 | 0 | | +5 | +8 |
| 10 | 14 | +150 | +95 | +50 | +32 | +16 | +6 | 0 | | +6 | +10 |
| 14 | 18 | | | | | | | | | | |
| 18 | 24 | +160 | +110 | +65 | +40 | +20 | +7 | 0 | | +8 | +12 |
| 24 | 30 | | | | | | | | | | |
| 30 | 40 | +170 | +120 | +80 | +50 | +25 | +9 | 0 | | +10 | +14 |
| 40 | 50 | +180 | +130 | | | | | | | | |
| 50 | 65 | +190 | +140 | +100 | +60 | +30 | +10 | 0 | | +13 | +18 |
| 65 | 80 | +200 | +150 | | | | | | | | |
| 80 | 100 | +220 | +170 | +120 | +72 | +36 | +12 | 0 | | +16 | +22 |
| 100 | 120 | +240 | +180 | | | | | | | | |
| 120 | 140 | +260 | +200 | +145 | +85 | +43 | +14 | 0 | | +18 | +26 |
| 140 | 160 | +280 | +210 | | | | | | | | |
| 160 | 180 | +310 | +230 | | | | | | | | |

名人からのアドバイス

### 公差等級

公差等級とは、部品の加工精度を示す指標です。公差等級が小さいほど高精度の加工が要求されます。例として、直径100mmの軸の公差等級IT7は、サイズ公差が0.035mmとなります。

| 上の許容差 ES | | | | | | | | | | |
|---|---|---|---|---|---|---|---|---|---|---|
| | K | | | | M | | | | N | |
| 8 | 6 | 7 | 8 | 9以上 | 6 | 7 | 8 | 9以上 | 6 | 7 |
| +6 | 0 | 0 | 0 | 0 | −2 | −2 | −2 | −2 | −4 | −4 |
| +10 | +2 | +3 | +5 | | −1 | 0 | +2 | −4 | −5 | −4 |
| +12 | +2 | +5 | +7 | | −3 | 0 | +2 | −6 | −7 | −4 |
| +15 | +2 | +6 | +8 | | −4 | 0 | +2 | −7 | −9 | −5 |
| +20 | +2 | +6 | +10 | | −4 | 0 | +4 | −8 | −11 | −7 |
| +24 | +3 | +7 | +12 | | −4 | 0 | +5 | −9 | −12 | −8 |
| +28 | +4 | +9 | +14 | | −5 | 0 | +5 | −11 | −14 | −9 |
| +34 | +4 | +10 | +16 | | −6 | 0 | +6 | −13 | −16 | −10 |
| +41 | +4 | +12 | +20 | | −8 | 0 | +8 | −15 | −20 | −12 |

(単位 μm)

6
公差

名人からの
アドバイス

**公差クラス**

公差の位置や起点を示すために公差ク
ラスが存在し、穴に対する公差クラスはア
ルファベットの大文字、軸に対する公差ク
ラスは小文字で示されます。

▼軸の場合の基礎となる許容差の数値〈参考〉(表6-7-3)

| 基礎となる寸法許容差 | | 上の許容差 es | | | | | | |
|---|---|---|---|---|---|---|---|---|
| 公差域の位置 | | b | c | d | e | f | g | h |
| 公差等級 | | すべての公差等級 | | | | | | |
| 寸法の区分（mm） | | | | | | | | |
| を超え | 以下 | | | | | | | |
| − | 3 | −140 | −60 | −20 | −14 | −6 | −2 | 0 |
| 3 | 6 | −140 | −70 | −30 | −20 | −10 | −4 | 0 |
| 6 | 10 | −150 | −80 | −40 | −25 | −13 | −5 | 0 |
| 10 | 14 | −150 | −95 | −50 | −32 | −16 | −6 | 0 |
| 14 | 18 | | | | | | | |
| 18 | 24 | −160 | −110 | −65 | −40 | −20 | −7 | 0 |
| 24 | 30 | | | | | | | |
| 30 | 40 | −170 | −120 | −80 | −50 | −25 | −9 | 0 |
| 40 | 50 | −180 | −130 | | | | | |
| 50 | 65 | −190 | −140 | −100 | −60 | −30 | −10 | 0 |
| 65 | 80 | −200 | −150 | | | | | |
| 80 | 100 | −220 | −170 | −120 | −72 | −36 | −12 | 0 |
| 100 | 120 | −240 | −180 | | | | | |
| 120 | 140 | −260 | −200 | −145 | −85 | −43 | −14 | 0 |
| 140 | 160 | −280 | −210 | | | | | |
| 160 | 180 | −310 | −230 | | | | | |

**名人からのアドバイス**

**軸の公差クラス**

軸の公差クラスにおいて「h」は図示サイズと上の許容サイズが同じで、それより小さい側に公差が適用されます。hの前後のアルファベットはそれぞれ公差の方向性を示します。

| js | | j | | k | | m | n | p |
|---|---|---|---|---|---|---|---|---|
| | | 下の許容差 *ei* | | | | | | |
| | 5, 6 | 7 | 8 | 4, 5, 6, 7 | 3以下および8以上 | | | |
| | −2 | −4 | −6 | 0 | 0 | +2 | +4 | +6 |
| | −2 | −4 | | +1 | 0 | +4 | +8 | +12 |
| | −2 | −5 | | +1 | 0 | +6 | +10 | +15 |
| | −3 | −6 | | +1 | 0 | +7 | +12 | +18 |
| 寸法許容差は ±$\frac{IT}{2}$ とする | −4 | −8 | | +2 | 0 | +8 | +15 | +22 |
| | −5 | −10 | | +2 | 0 | +9 | +17 | +26 |
| | −7 | −12 | | +2 | 0 | +11 | +20 | +32 |
| | −9 | −15 | | +3 | 0 | +13 | +23 | +37 |
| | −11 | −18 | | +3 | 0 | +15 | +27 | +43 |

(単位 μm)

6
公差

名人からの
アドバイス

**公差等級と公差クラス記号**

公差等級と公差クラス記号を組み合わせることで、部品の許容サイズやはめあいの関係が一目瞭然になります。

# 例1）φ35H7

この指示内容から、次のことがわかります。

φ35 ： 図示サイズが直径35mm。

H7 ： Hが大文字なので、穴であることがわかる。

公差等級が7であることがわかる。

表6-7-1より、直径35mmのIT7の基本サイズ公差を読み取ると、

0.025mmである。

表6-7-2より、直径35mmのH穴の基礎となる許容差を見ると、0です。よって、直径35のH7の許容差は、$\phi 35_{0}^{+0.025}$ であることがわかります。

よって、図6-7-2のようになります。

つまり、φ35H7の穴の上・下の許容サイズは次のようになります。

φ35H7 ➡ $\phi 35_{0}^{+0.025}$ ➡ φ35.000〜φ35.025

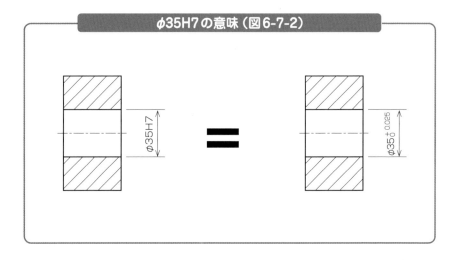

**φ35H7の意味（図6-7-2）**

# 例2）φ35g6

この指示内容から、次のことがわかります。

φ35：図示サイズが直径35mm。

g6　：gが小文字なので、軸であることがわかる。また、基礎となる許容差の数値か
らマイナス方向（軸が細くなる方向）にサイズ公差が与えられることがわか
る。公差等級が6であることがわかる。
表6-7-1より、直径35mmのIT6の基本サイズ公差を読み取ると、
0.016mmである。

　表6-7-3より、直径35のg軸の基礎となる許容差の数値を見ると、－0.009mm
です。よって、－0.009を起点に細くなる方向に0.016 mmのサイズ公差を与える
と、－0.009－0.016＝－0.025となり、直径35のg6の軸の許容差は、$\phi 35 \, ^{-0.009}_{-0.025}$
であることがわかります。
　以上より、図6-7-3のようになります。
　つまり、φ35g6の軸の上・下の許容サイズは次のようになります。

$\phi 35g6 \Rightarrow \phi 35 \, ^{-0.009}_{-0.025} \Rightarrow \phi 34.975 \sim \phi 34.991$

**φ35g6の意味（図6-7-3）**

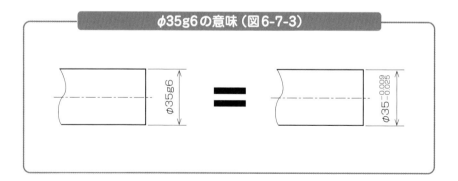

　なお、先述のφ35H7の穴と、φ35g6の軸の組み合わせの場合は、すきまばめにな
ることも一目瞭然です。なぜなら、Hの穴が図示サイズより小さくならないことと、g
の軸が図示サイズより必ず小さいことが明確だからです（図6-7-4）。

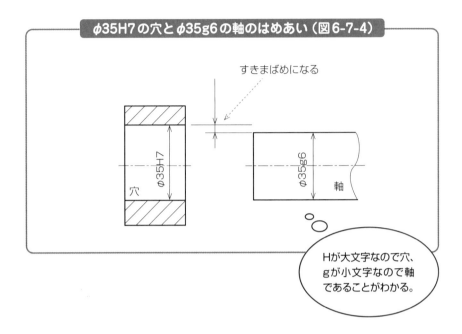

φ35H7の穴とφ35g6の軸のはめあい（図6-7-4）

すきまばめになる

φ35H7
穴

φ35g6
軸

Hが大文字なので穴、gが小文字なので軸であることがわかる。

　以上からわかるとおり、サイズ公差を記号で示すことで、次のメリットが得られます。

・公差等級を指定すれば、図示サイズに応じてサイズ公差の数値が定まるため、サイズ公差設定の統一化が図れる。また、サイズ公差を決めやすい。
・はめあいの関係においては、記号を見るだけで、「しまりばめ」「すきまばめ」「中間ばめ」の見分けが容易につく。

# 多く用いるはめあい

これまで見てきたように、軸と穴の相互の公差の組み合わせによって、はめあい関係が決まります。このとき、どのようなはめあい関係になるかは、軸と穴の双方の公差によって、多数の組み合わせがあり得ます。とはいえ、組み合わせをある程度決めておいたほうが選びやすいのも事実です。

##  推奨される組み合わせ

そこでJISでは、「多く用いられるはめあい」として、一般的に推奨される組み合わせが示されています。

穴基準はめあいの場合に多く用いられる組み合わせを表6-8-1に、軸基準はめあいの場合に多く用いられる組み合わせを表6-8-2に、それぞれ示します。

この中でも、枠で囲ってある公差クラスから選ぶのがコストなどの観点からよいとされています。

例えば、穴基準はめあいにおいて、H7のサイズ公差を持つ穴に、軸をすきまばめで組み合わせたいのであれば、表6-8-1を参照して、軸の公差はg6、h6などを用いればよいことがわかります。

▼穴基準はめあいにおける、推奨されるはめあい関係（表6-8-1）

| 穴基準 | 軸の公差クラス | | | | | | | | | | | | | | | | |
|---|---|---|---|---|---|---|---|---|---|---|---|---|---|---|---|---|---|
| | すきまばめ | | | | | | 中間ばめ | | | | | しまりばめ | | | | | |
| H6 | | | | | g5 | h5 | js5 | k5 | m5 | | n5 | p5 | | | | | |
| H7 | | | | h6 | g6 | h6 | js6 | k6 | m6 | n6 | | p6 | r6 | s6 | f6 | u6 | x6 |
| H8 | | e7 | f7 | | | | h7 | js7 | k7 | m7 | | | | s7 | | u7 | |
| | d8 | e8 | f8 | | | h8 | | | | | | | | | | | |
| H9 | d8 | e8 | f8 | | | h8 | | | | | | | | | | | |
| H10 | b9 | c9 | d9 | e9 | | | h9 | | | | | | | | | | |
| H11 | b11 | c11 | d10 | | | | h10 | | | | | | | | | | |

出典：JIS B 0401-1：2016（ISO 286-1：2010）

6
公差

▼軸基準はめあいにおける、推奨されるはめあい関係（表6-8-2）

| 軸基準 | 穴の公差クラス |||||||||||||||||
|:--:|:--:|:--:|:--:|:--:|:--:|:--:|:--:|:--:|:--:|:--:|:--:|:--:|:--:|:--:|:--:|:--:|:--:|
| | すきまばめ | | | | | | | 中間ばめ | | | | しまりばめ | | | | | |
| h5 | | | | | | G6 | H6 | JS6 | K6 | M6 | N6 | P6 | | | | | |
| h6 | | | | | F7 | G7 | H7 | JS7 | K7 | M7 | N7 | P7 | R7 | S7 | T7 | U7 | X7 |
| h7 | | | | E8 | F8 | | H8 | | | | | | | | | | |
| h8 | | | D9 | E9 | F9 | | H9 | | | | | | | | | | |
| | | | | E8 | F8 | | H8 | | | | | | | | | | |
| h9 | | | D9 | E9 | F9 | | H9 | | | | | | | | | | |
| | B11 | C10 | D10 | | | | H10 | | | | | | | | | | |

出典 : JIS B 0401-1 : 2016 (ISO 286-1 : 2010)

**名人からのアドバイス**

### 多く用いられるはめあい

はめあい関係は、軸と穴の公差の組み合わせによって決まり、多数の組み合わせが可能です。しかし、選択を容易にするために、JISでは一般的に推奨される「多く用いられるはめあい」の組み合わせを示しています。例えば、穴基準はめあい（すきまばめ）では、H7のサイズ公差を持つ穴に対して、軸の公差としてf6、g6、h6を選ぶことが推奨されています。

## 6-9 普通公差

品物を製作する際に、常に公差を指示するのは手間がかかります。また、通常用いられる製作法で加工した際には、その加工法の工作精度によって実現できる公差の範囲はおのずと決まってきます。JISでは、公差を特に指示しない場合の公差の目安として、普通公差を規定しています。普通公差があることで、製作品の合理的な公差を維持しつつ、むやみにサイズ公差を記入する必要がなくなります。

### ⚙ 普通公差

普通公差は、JIS B 0405（普通公差—第1部：個々に公差の指示がない長さ寸法及び角度寸法に対する公差）で規定されています。JISにより規定されている長さ寸法および角度寸法に対する普通公差を、表6-9-1〜表6-9-3に示します。

設計者が普通公差の公差等級を指定しておけば、個別にサイズ公差が指示されていない部分の寸法は、普通公差内に収まるように製作されることになります。そのため、サイズ公差を指示していない部分の製作精度も適正に確保されます。

**6**
公差

▼長さの寸法に対する普通公差 (表6-9-1)

| 公差等級 | | 基準寸法の区分 | | | | | | | |
|---|---|---|---|---|---|---|---|---|---|
| 記号 | 説明 | 0.5※<br>以上<br>3以下 | 3を超え<br>6以下 | 6を超え<br>30以下 | 30を超え<br>120以下 | 120を超え<br>400以下 | 400を<br>超え<br>1000以下 | 1000を<br>超え2000<br>以下 | 2000を<br>超え4000<br>以下 |
| | | 許容差 | | | | | | | |
| f | 精級 | ±0.05 | ±0.05 | ±0.1 | ±0.15 | ±0.2 | ±0.3 | ±0.5 | － |
| m | 中級 | ±0.1 | ±0.1 | ±0.2 | ±0.3 | ±0.5 | ±0.8 | ±1.2 | ±2 |
| c | 粗級 | ±0.2 | ±0.3 | ±0.5 | ±0.8 | ±1.2 | ±2 | ±3 | ±4 |
| v | 極粗級 | － | ±0.5 | ±1 | ±1.5 | ±2.5 | ±4 | ±6 | ±8 |

(単位 mm)

※0.5mm未満の基準寸法に対しては、その基準寸法に続けて許容差を個々に指示する。

JIS B 0405-1991 (ISO 2768-1 : 1989)

▼面取り部分の長さ（角の丸み角の面取り寸法）に対する許容差（表6-9-2）

| 公差等級 | | 基準寸法の区分 | | |
|---|---|---|---|---|
| 記号 | 説明 | 0.5*以上3以下 | 3を超え6以下 | 6を超えるもの |
| | | 許容差 | | |
| f | 精級 | ±0.2 | ±0.5 | ±1 |
| m | 中級 | | | |
| e | 粗級 | ±0.4 | ±1 | ±2 |
| v | 極粗級 | | | |

（単位 mm）

※0.5mm 未満の基準寸法に対しては、その基準寸法に続けて許容差を個々に指示する。

▼角度寸法に対する許容差（表6-9-3）

| 公差等級 | | 対象とする角度の短いほうの辺の長さの区分 | | | | |
|---|---|---|---|---|---|---|
| 記号 | 説明 | 10以下 | 10を超え50以下 | 50を超え120以下 | 120を超え400以下 | 400を超えるもの |
| | | 許容差 | | | | |
| f | 精級 | ±1° | ±30′ | +20′ | ±10′ | ±5′ |
| m | 中級 | | | | | |
| c | 粗級 | ±1°30′ | ±1° | ±30′ | ±15′ | ±10′ |
| v | 極粗級 | ±3° | ±2° | ±1° | ±30′ | ±20′ |

（単位 mm）

　例として、図6-9-1に示すような、図示サイズで直径25mm、長さ200mmの軸を考えます。この軸の長さと径は、公差等級fの普通公差でよいとします。その場合、図面の表題欄あるいはその付近に、「JIS B 0405-f」のように普通公差と公差等級を示します（図6-9-1にも記載あり）。この図面の品物は、表6-9-1に示した普通公差に当てはめると、次のような仕上がりになるように製作されます。

## 普通公差に基づく軸の長さと直径（図6-9-1）

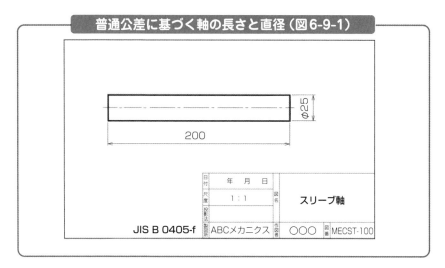

- **軸の長さ**

図示サイズ　　　：200mm
公差等級　　　　：f
長さの区分　　　：120mmを超え400mm以下
許容差　　　　　：±0.2mm
下の許容サイズ：199.8mm
上の許容サイズ：200.2mm

- **軸の直径**

図示サイズ　　　：25mm
公差等級　　　　：f
長さの区分　　　：6mmを超え30mm以下
許容差　　　　　：±0.1mm
下の許容サイズ：24.9mm
上の許容サイズ：25.1mm

　よって、この軸の仕上がり寸法は、長さが199.8mmから200.2mmの間、直径が24.9mmから25.1mmの間に収まるように製作されます。

　言い方を変えると、「普通公差では精度が不足する部分に対して、個別のサイズ公差を指定する」のが基本です。

Memo

# 幾何公差

　サイズ公差は、2点間の距離に関する公差を表します。しかし、実際の製品は三次元形状であり、線や面などが互いに幾何学的な関係を持ちつつ形状がつくられています。

　例えば、穴の直径がサイズ公差内に収まっていたとしても、その穴を開ける面に対して垂直に開いていなかった場合（直径は正しいけれども、穴が斜めに開いている場合）、その製品の機能を満たさないかもしれません。

　製品の高精度化と、ものづくりのグローバル化に伴い、幾何公差を用いて形体の公差を正しく規定することが重要になっています。

　幾何公差の概要を理解して、代表的な幾何公差の指示を読み取れるように、また、幾何公差の考え方で公差を指示できるようにしましょう。

## 7-1 幾何公差

### 幾何公差の指示記号

幾何公差の種類と指示記号を表7-1-1に示します。

▼幾何公差の記号（表7-1-1）

| 公差の種類 | 特性 | 記号 |
|---|---|---|
| 形状公差 | 真直度 | — |
| | 平面度 | ▱ |
| | 真円度 | ○ |
| | 円筒度 | ⌭ |
| | 線の輪郭度 | ⌒ |
| | 面の輪郭度 | ⌓ |
| 姿勢公差 | 平行度 | // |
| | 直角度 | ⊥ |
| | 傾斜度 | ∠ |
| | 線の輪郭度 | ⌒ |
| | 面の輪郭度 | ⌓ |
| 位置公差 | 位置度 | ⊕ |
| | 同心度（中心点に対して） | ◎ |
| | 同軸度（軸線に対して） | ◎ |
| | 対称度 | = |
| | 線の輪郭度 | ⌒ |
| | 面の輪郭度 | ⌓ |
| 振れ公差 | 円周振れ | ↗ |
| | 全振れ | ⌰ |

# 7-2 幾何公差の指示例

本節では、例を挙げて幾何公差の意味や読み方を説明します。

## 真直度

「直線の形体が、どの程度"まっすぐ"であるか」を規定する幾何公差です。例えば、線が定められた間隔に収まっていることを求めます。穴や軸などの円筒の中心軸の場合は、中心軸が定められた円筒内に収まっていることを求めます（図7-2-1）。

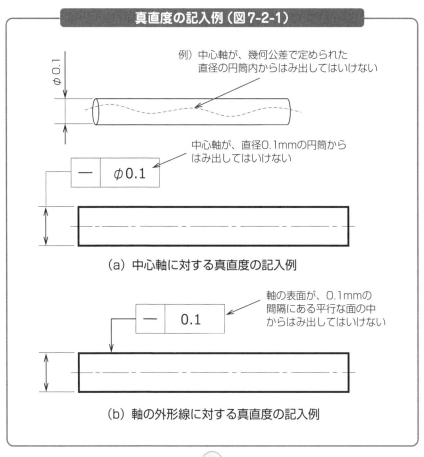

真直度の記入例（図7-2-1）

例）中心軸が、幾何公差で定められた
直径の円筒内からはみ出してはいけない

φ0.1

中心軸が、直径0.1mmの円筒から
はみ出してはいけない

─ φ0.1

（a）中心軸に対する真直度の記入例

軸の表面が、0.1mmの
間隔にある平行な面の中
からはみ出してはいけない

─ 0.1

（b）軸の外形線に対する真直度の記入例

## ⚙ 平面度

「面がどの程度平らな面（平面）か」を規定する幾何公差です。つまり、図7-2-2に示すように、品物の平面が2枚の平行な平面の範囲内に収まることを求めます。

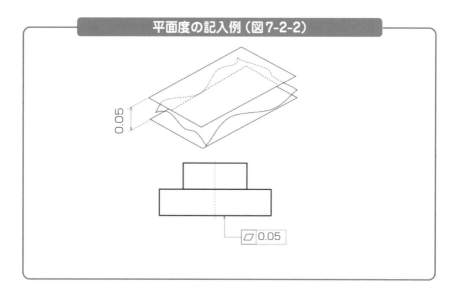

平面度の記入例（図7-2-2）

## ⚙ 真円度

「円の形状が真円にどの程度近いか」を規定する幾何公差です。円の形状が、指定された2つの同心円の間に収まっていることを求めます。

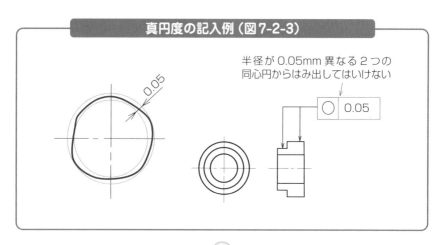

真円度の記入例（図7-2-3）

半径が0.05mm異なる2つの
同心円からはみ出してはいけない

##  円筒度

円筒の形体を定める幾何公差です。円筒状の品物の形状が、指定された2つの同心円筒の間に収まっていることを求めます。

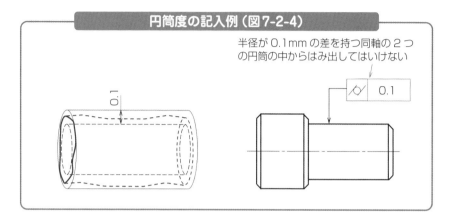

**円筒度の記入例（図7-2-4）**

半径が0.1mmの差を持つ同軸の2つの円筒の中からはみ出してはいけない

0.1

0.1

##  線の輪郭度

定められた輪郭からのずれを規定する幾何公差です。品物の曲線が、公差内に収まっていることを求めます。

**7**

幾何公差

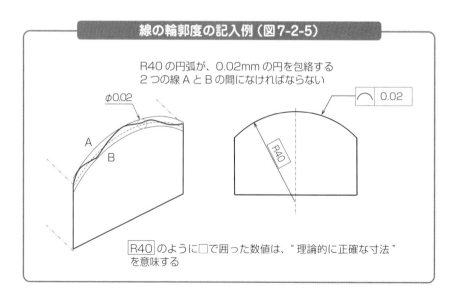

**線の輪郭度の記入例（図7-2-5）**

R40の円弧が、0.02mmの円を包絡する2つの線AとBの間になければならない

φ0.02

A

B

0.02

R40

R40 のように□で囲った数値は、"理論的に正確な寸法"を意味する

## 面の輪郭度

線の輪郭度と同様に、定められた輪郭からのずれを規定します。品物の局面全体が、公差内に収まっていることを求めます。

### 面の輪郭度の記入例（図7-2-6）

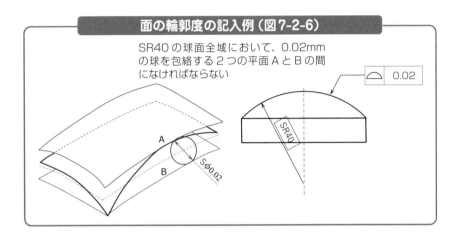

SR40の球面全域において、0.02mmの球を包絡する2つの平面AとBの間になければならない

## 平行度

基準となる平面に対して、平行の度合いを規定します。基準となる部分を**データム**と呼びます。平行度を指定するときは、基準となるデータムを明示しなければなりません。図7-2-7に記入例を示します。物体の下面をデータムとし、図中に示したAの記号をつけて示します。これによって、Aの面に対する平行度が指示されています。

### 平行度の記入例（図7-2-7）

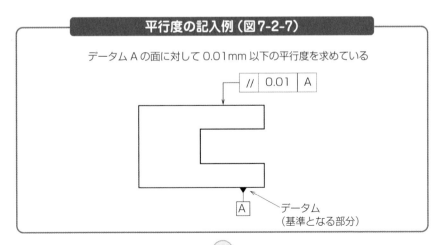

データムAの面に対して0.01mm以下の平行度を求めている

##  直角度

「基準の線に対してどの程度直角か」を規定する幾何公差です。基準となる面や線を
データムとして指定した上で、直角度が指示されます。

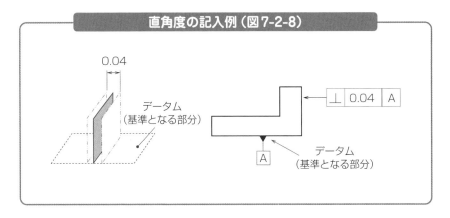
直角度の記入例（図7-2-8）

##  傾斜度

直角度は「直角にどの程度近いか」を規定しますが、傾斜度は指定した角度に対して
公差を示します。傾斜度も、データムを指定した上で示されます。

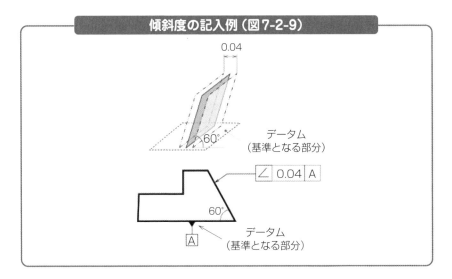
傾斜度の記入例（図7-2-9）

7

幾何公差

## 位置度

図7-2-10にあるとおり、穴を開ける位置をサイズ公差で示す場合は、基準面から穴の中心までの位置の寸法に公差を入れることになります。

### 穴の位置の寸法をサイズ公差で示した場合（図7-2-10）

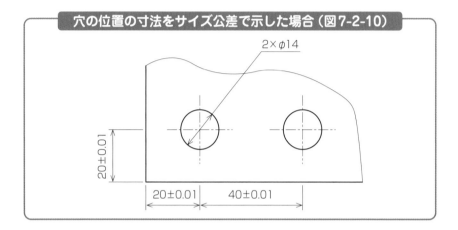

穴の位置の寸法を位置度によって示した例を、図7-2-11に示します。データムA、Bを基準に理論的に正確な寸法として□で囲って位置の寸法を示し、位置度φ0.04を示します。

### 穴の位置の寸法を幾何公差（位置度）で示した場合（図7-2-11）

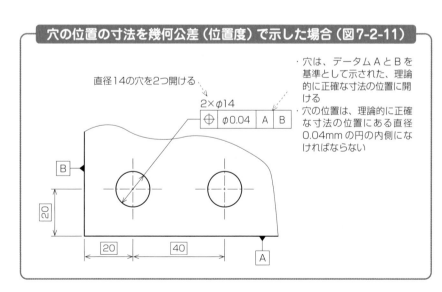

・穴は、データムAとBを基準として示された、理論的に正確な寸法の位置に開ける
・穴の位置は、理論的に正確な寸法の位置にある直径0.04mmの円の内側になければならない

　これにより、「理論的に正確な穴の位置寸法にある直径0.04mmの円の中」に穴が開けられます。

##  同心度・同軸度

　同心度は、「円の中心点が、データムに対して規定された直径の円の中にある」ことを求めます。同軸度も同様に、「軸線（軸の中心線）が、データムに対して規定された直径の円筒の中にある」ことを求めます。図7-2-12に同軸度の指示例を示します。この場合、φ30で示されている軸部の軸線（中心軸）は、共通データム軸A-Bに同軸の直径0.06mmの円筒の中の公差域の中にあることが求められます。

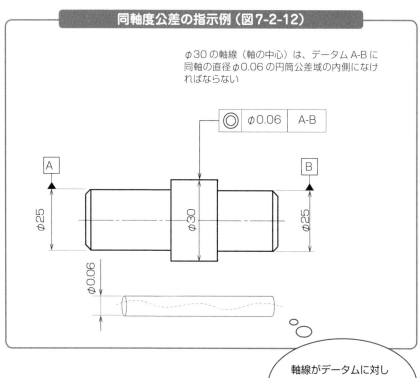

**同軸度公差の指示例（図7-2-12）**

φ30の軸線（軸の中心）は、データムA-Bに同軸の直径φ0.06の円筒公差域の内側になければならない

◎ φ0.06 A-B

A　φ25　φ30　φ25　B

φ0.06

軸線がデータムに対して直径の円筒の中にあることを求めます。

## 振れ公差

振れ公差は、円周面の半径方向の振れを規定する公差です。

**円振れ公差**：図7-2-13に円振れ公差の記入例を示します。データムAはこの軸の中心線（回転中心）を示しています。軸を回転させた際に、円周の半径方向の振れ量が規定内（図の例では0.02mmを超えない）になることを求めます。

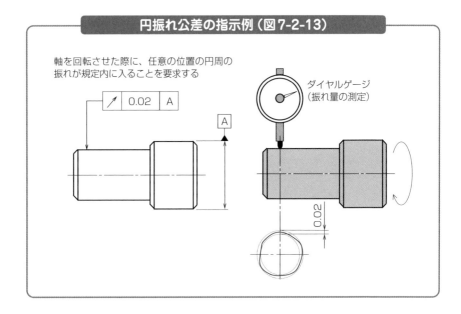

円振れ公差の指示例（図7-2-13）

軸を回転させた際に、任意の位置の円周の振れが規定内に入ることを要求する

｜↗｜0.02｜A｜

A

ダイヤルゲージ
（振れ量の測定）

0.02

**全振れ公差**：全振れ公差の指示例を図7-2-14に示します。円振れ公差では任意の位置の振れを規定していたのに対し、全振れ公差で指示された場合は、「軸を回転させた際に、**円周全体において**半径方向の振れ量が規定内（図の例では0.02mmを超えない）になる」ことを求めます。

## 全振れ公差の指示例（図7-2-14）

軸を回転させた際に、軸全体の円周全域において、振れが規定内に入ることを要求する

ダイヤルゲージ
（振れ量の測定）

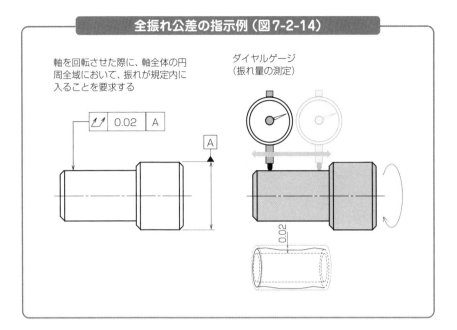

7

幾何公差

### 名人からのアドバイス

### 幾何公差の読み方

　真直度は直線のまっすぐさ、平面度は面の平らさ、真円度は円の真円に近いこと、円筒度は円筒の形状、線の輪郭度と面の輪郭度は輪郭のずれ、平行度は平行な度合い、直角度は直角の度合い、傾斜度は指定角度の公差、位置度は穴の位置の寸法公差、同心度と同軸度は中心点や軸線の位置、そして振れ公差は円周面の半径方向の振れを規定しています。

　それぞれの公差は図面に特定の方法で記入され、基準（データム）が明示されることが求められます。

サイズ公差で示した普通公差と同様に、幾何公差についてもJIS B 0419（普通公差—第2部：個々に公差の指示がない形体に対する幾何公差）で普通公差が規定されています。

## 普通幾何公差の考え方

幾何公差に対する普通公差は、「真直度および平面度」「真円度」「平行度」「直角度」「対称度」「円周振れ」に対して定められています。

表7-3-1から表7-3-4に、JIS B 0419で規定されている普通幾何公差の一覧を示します。普通幾何公差の等級としては、表に示すとおりH、K、Lがあります。

JIS B 0405で示したサイズ公差に対する普通公差と併せて、JIS B 0419の普通幾何公差を適用する場合は、表題欄またはその付近に、例えば「JIS B 0419-mK」のように次の①～③を指示します。

①「JIS B 0419-」と記す
②JIS B 0405による公差等級（「m」など）
③JIS B 0419による公差等級（「K」など）

【記入例】 JIS B 0419-mK
　　　　　　① ②③

▼真直度および平面度の普通公差（表7-3-1）

| 公差等級 | 呼び長さの区分 | | | | | |
|---|---|---|---|---|---|---|
| | 10以下 | 10を超え30以下 | 30を超え100以下 | 100を超え300以下 | 300を超え1000以下 | 1000を超え3000以下 |
| | 真直度公差および平面度交差 | | | | | |
| H | 0.02 | 0.05 | 0.1 | 0.2 | 0.3 | 0.4 |
| K | 0.05 | 0.1 | 0.2 | 0.4 | 0.6 | 0.8 |
| L | 0.1 | 0.2 | 0.4 | 0.8 | 1.2 | 1.6 |

（単位 mm）

▼直角度の普通公差 (表7-3-2)

| 公差等級 | 短いほうの辺の呼び長さの区分 | | | |
|---|---|---|---|---|
| | 100以下 | 100を超え300以下 | 300を超え1000以下 | 1000を超え3000以下 |
| | 直角度公差 | | | |
| H | 0.2 | 0.3 | 0.4 | 0.5 |
| K | 0.4 | 0.6 | 0.8 | 1 |
| L | 0.6 | 1 | 1.5 | 2 |

(単位 mm)

▼対称度の普通公差 (表7-3-3)

| 公差等級 | 呼び長さの区分 | | | |
|---|---|---|---|---|
| | 100以下 | 100を超え300以下 | 300を超え1000以下 | 1000を超え3000以下 |
| | 対称度公差 | | | |
| H | 0.5 | | | |
| K | | 0.6 | 0.8 | 1 |
| L | 0.6 | 1 | 1.5 | 2 |

(単位 mm)

▼円周振れの普通公差 (表7-3-4)

| 公差等級 | 円周振れ公差 |
|---|---|
| H | 0.1 |
| K | 0.2 |
| L | 0.5 |

(単位 mm)

### 名人からのアドバイス

### 公差等級の明示

　特定の指示がない形体に対する幾何公差の普通公差をJIS B 0419で規定しています。これには「真直度および平面度」「真円度」「平行度」「直角度」「対称度」「円周振れ」が含まれます。普通幾何公差の等級はH、K、Lで示され、JIS B 0405 (サイズ公差の普通公差) とJIS B 0419を併用する場合は、表題欄またはその付近に「JIS B 0419-」に続けて両方の公差等級を明示します。

# 最大実体公差方式

最大実体公差方式を適用することで、すきまばめのはめあいを持つ品物を製作する際の公差を大きくとることができ、生産性を向上させることができます。

## 独立の原則

これまでに、サイズ公差と幾何公差を学びました。サイズ公差と幾何公差はそれぞれ同じものではないため、品物の関連する部分に重複してサイズ公差（例えばISOはめあい公差）と幾何公差の両方が指示されている場合もあります。

このとき、特に指示がなければサイズ公差と幾何公差はそれぞれ独立に適用され、お互いに他者に規制を及ぼすことはしません。これを**独立の原則**と呼びます。つまり、ある部位にサイズ公差と幾何公差の両方が指示されていたら、それぞれの指示の条件を別々に満たすように、品物が製作されます。

## 最大実体公差方式が有効な理由

上述のように独立の原則はあるものの、サイズ公差と幾何公差の間には結局のところ関連があるため、両公差の関係を把握した上で、それをうまく利用して公差を与えると、機能を損なわずに品物の生産性を向上させられる（例えば、製作が容易になるなど）といったメリットが生まれます。このような考え方で公差を指示する方法を、**最大実体公差方式**（MMR*）と呼びます。

## 最大実体公差とは

例として、図7-4-1に示す軸を考えます。この穴の外径が$\phi 9.5 _{-0.1}^{\ 0}$と指示されていた場合、この軸が最も太くでき上がった（上の許容サイズであった）$\phi 9.5$が、**最大実体状態**（MMC*）です。逆に下の許容サイズ$\phi 9.4$ででき上がった場合は、**最小実体状態**（LMC*）です。

---

* **MMR** Maximum Material Requirementの略。
* **MMC** Maximum Material Conditionの略。
* **LMC** Least Material Conditionの略。

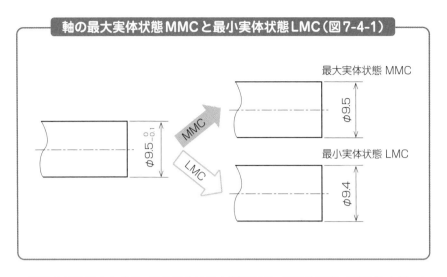

軸の最大実体状態MMCと最小実体状態LMC（図7-4-1）

図7-4-2に示すとおり、穴の場合は軸と逆であり、下の許容サイズに仕上がった
φ9.5が最大実体状態（MMC）、上の許容サイズにでき上がったφ9.6が最小実体状態
（LMC）になります。

つまり、最大実体状態MMCは「軸が最も太いとき」および「穴が最も細いとき」な
ので、言い換えれば「最も質量が大きい（体積が大きい）状態」だといえます。

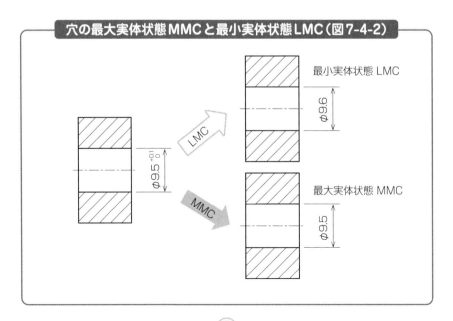

穴の最大実体状態MMCと最小実体状態LMC（図7-4-2）

7

幾何公差

　上述の軸と穴のはめあいを考えると、軸と穴がどちらもMMCででき上がった場合は、最もすきまの小さいはめあい状態となります（上述の例ではすきまゼロ）。逆に、両者ともLMCででき上がった場合は、最も大きなすきまが生じるすきまばめになります。両者がMMCの場合でも最小すきまは確保されており、両者がMMCからLMCに近づくほど、すきまが大きくなって、はめあいに余裕が生じます。

　普通は両方ともMMCででき上がる確率は低いため、すきまばめでは基本的に「はめあいに余裕がある場合」が多いです。そこで、この余裕を考慮して幾何公差（姿勢公差または位置公差）に振り分けることで、製作時の全体の公差（許される幅）を大きくとれるようになり、生産性が向上します。

　このような対応をすることを、**最大実体公差方式**と呼びます。なお、この方式は、すきまばめ以外（しまりばめ、中間ばめ）には適用できません。

---

### COLUMN　しまりばめと中間ばめ

　**しまりばめ**と**中間ばめ**は、機械製図における重要な概念であり、部品同士の組み合わせ方や適応性を理解する上で不可欠です。これらの概念は、特に機械の設計や製造プロセスでの精度と相互適応性を確保するために重要です。

　しまりばめは、部品同士がしめしろを持って組み合わされることを意味し、通常は精密な適合が求められる場合や、部品間の動きを制限する必要がある場合に利用されます。例として、軸とベアリングの組み合わせがあり、これには許容される公差が非常に小さいため、組み立てや分解が困難になることもあります。しまりばめは、その精度と固定能力によって、機械の性能と寿命を向上させることができ

ます。

　中間ばめは、しまりばめとは対照的に、部品間に多少の遊びを持たせることが可能です。これは、組み立て作業を容易にし、部品間の相対的な動きを可能にします。中間ばめは、特定の機械の動作において適切な潤滑や、温度変化に対する適応性を提供し、部品の過度の摩耗や損傷を防ぐことができます。

　これらのはめあいの方法を正しく設定することが、製品の品質と性能の向上に貢献します。設計者は、製品の要件と機能に基づいて、どのようなはめあいを選択するかを慎重に検討する必要があります。

# 7-5 最大実体公差方式の適用例

最大実体公差方式の適用例を通じて、この方式の有用性を学びます。

## 最大実体公差方式

図7-5-1に示すように、ピンの直径が$\phi 9.5^{0}_{-0.1}$のサイズ公差に収まっていなければならないとします。このとき、ピンのMMC状態でのサイズである最大実体サイズ（MMS*）は$\phi 9.5$、LMC状態でのサイズである最小実体サイズ（LMS*）は$\phi 9.4$です。加えて、データムAに対して0.08の平行度が指示されていたとします。この場合、ピンの幾何公差は、データム平面Aに平行で、かつ0.08mmの間隔の平行平面の内側になければならないことを意味します。平行度公差の後ろに⑩の記号を示すことで、最大実体公差方式（MMR）が適用されます。

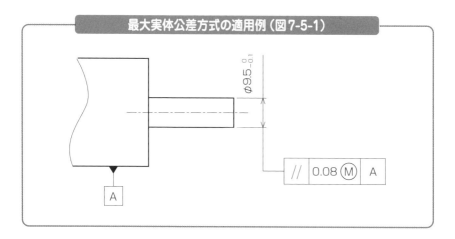

**最大実体公差方式の適用例（図7-5-1）**

$\phi 9.5^{0}_{-0.1}$

// | 0.08 Ⓜ | A

A

この場合、ピンがMMSである$\phi 9.5$ででき上がった場合でも、そこに加えて0.08の平行度公差が認められています。よって、軸線が最も傾いた状態では、図7-5-2に示すように9.58のサイズまで認められることになります。このように、最大実体サイズMMSに幾何公差分を加えた9.58のサイズを、**実効サイズ**（VS*）と呼びます。

---

* **MMS**　Maximum Material Sizeの略。
* **LMS**　Least Material Sizeの略。
* **VS**　Virtual Sizeの略。

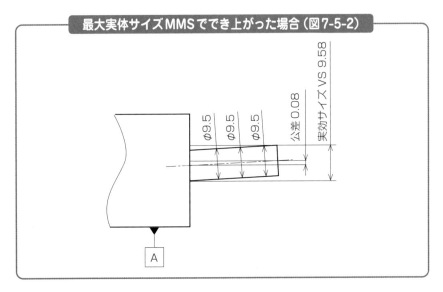

最大実体サイズMMSででき上がった場合（図7-5-2）

φ9.5　φ9.5　φ9.5　公差0.08　実効サイズVS 9.58

A

　ピンがLMSででき上がった場合は、図7-5-3のようになります。この場合、φ9.4のLMSのピン径に対して、平行度公差0.08を加えると9.48となり、上記のVSである9.58に対して0.1mm余裕があります。この0.1mmを平行度公差に加算して0.18mmとしても、MMCの場合と同じ形体内に収まっていることになります。

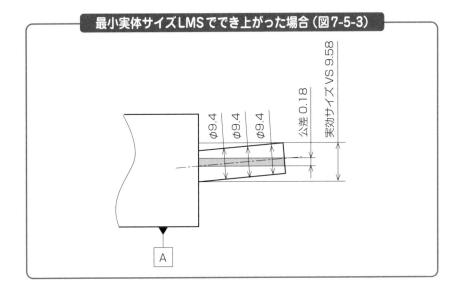

最小実体サイズLMSででき上がった場合（図7-5-3）

φ9.4　φ9.4　φ9.4　公差0.18　実効サイズVS 9.58

A

　以上をまとめると、最大実体公差方式を適用した場合、そこに示された幾何公差は、品物が最大実体サイズ（MMS）でできた場合に対して定められたものになります（図7-5-2）。実際に、最大実体サイズから離れてできたものについては、図7-5-3のようにそのぶんを幾何公差に付け加えて、公差を大きくすることが許されます（余裕が生まれます）。

## 最大実体公差方式の適用による公差域の拡大

　以上、図7-5-2および図7-5-3で示した事項を図にして説明します。横軸にピン部分の直径をとり、縦軸に平行度公差（幾何公差）をとると、図7-5-4になります。この図において、独立の原則に基づいてピンの直径のサイズ公差$\phi 9.5_{-0.1}^{\ 0}$および、平行度幾何公差0.08の両方を満足する領域は、図のハッチングで示す領域です。このような線図を**動的公差線図**と呼びます。

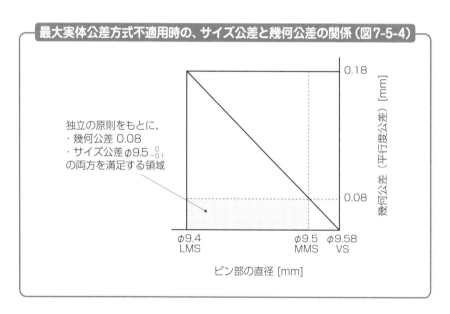

**最大実体公差方式不適用時の、サイズ公差と幾何公差の関係（図7-5-4）**

独立の原則をもとに、
・幾何公差 0.08
・サイズ公差$\phi 9.5_{-0.1}^{\ 0}$
の両方を満足する領域

0.18

0.08

幾何公差（平行度公差）[mm]

$\phi 9.4$
LMS

$\phi 9.5$
MMS

$\phi 9.58$
VS

ピン部の直径 [mm]

7
幾何公差

　これに対して、最大実体公差方式を適用した場合、図7-5-5のグレーで塗りつぶした三角形の部分が、合格の公差領域として拡大します。この領域を**ボーナス公差**と呼びます。

　このように、最大実体公差方式を適用することで、機能を損なわずに品物の生産性を向上させる（例えば、製作が容易になるなど）といったメリットを生み出すことが可能です。

## 最大実体公差方式を適用した場合のボーナス公差（図7-5-5）

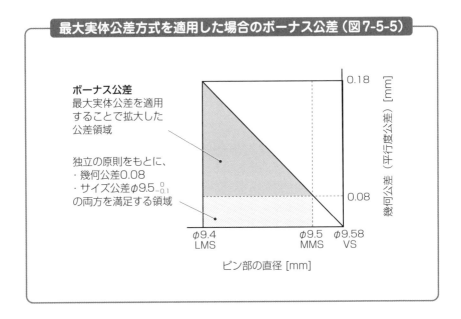

**ボーナス公差**
最大実体公差を適用
することで拡大した
公差領域

独立の原則をもとに、
・幾何公差0.08
・サイズ公差$\phi 9.5^{\ 0}_{-0.1}$
の両方を満足する領域

幾何公差（平行度公差）[mm]

0.18

0.08

$\phi 9.4$
LMS

$\phi 9.5$
MMS

$\phi 9.58$
VS

ピン部の直径 [mm]

# 表面性状

　製品を構成する部品は、様々な材質、様々な加工法で製作されています。そのため、表面の状態も材質や加工法によって様々です。その部品・製品の機能やデザインを実現するには、表面の性状も狙いどおりになるよう図面に指示する必要があります。そのため、表面の性状を数値で定量的に示します。本章では、表面の性状を指示する方法を学びます。

　製品の表面は、どのような質感であるべきでしょうか。それは、以下に示すように、理由も含めて実に様々です。

## 表面性状の必要性

### 例1：製品の機能上、表面の粗さを指定する必要がある

➡ 例えば、自動車の車軸とそれを支えるベアリングの表面が「デコボコ」だったらどうでしょうか。スムーズに走行できないのはもちろん、短時間で破損して事故を招く恐れがあります。このように、表面性状を正しく指示しないと、製品に重大な欠陥を生む場合があります。

### 例2：コストの観点から、表面粗さを指定する必要がある

➡ 通常、表面を滑らかにするには加工が必要なので、そのぶん工程が増えてコストが増加します。不要な部分にまで表面の加工を施しても、コストが上がるだけです。よって、必要な場所に必要な性状の表面粗さを指定することが必要です。それには「表面を加工しない」という指示も含まれます。

### 例3：デザイン上の理由から、表面性状（表面の粗さ）を指定する場合もある

➡ デザイン上の理由から、表面を光沢があるほど滑らかにしたり、逆にマットな質感を出すためザラザラにするなどの処理を行う製品もあるでしょう。このような場合、機能上は不要でもデザイン面から表面をあえて加工します。

　表面性状の例として、図8-1-1に、エンジンの主要部品の1つである"ピストン"の写真を示します。このピストンは、「溶けた金属を型に流し入れて成型する」という**鋳造法**でつくられたものです。

　図中の (a) に示す部分は、砂を固めた型（砂型）による鋳造で製作した表面なので、表面がデコボコしていて**粗さが大きい**ことがわかります。一方、(b) に示す部分は、表面に**除去加工**（**旋盤**、**フライス盤**、**研削盤**などによる**切削加工**）をしてあります。その

ため、表面は各部分の機能に応じた粗さに仕上げられています。当然ながら、このような部品の製作図面の中には、これらの表面性状の指示も与えられています。

## 鋳造品の表面の例（図8-1-1）

（b）表面を
除去加工
している

（a）鋳造された表面
（鋳肌＝いはだ）
のまま

### COLUMN　表面粗さ

　機械製図における**表面粗さ**は、製品の品質、外観、そして機能性に直接影響を与える非常に重要な要素です。

　表面粗さの測定は、基本的には表面の微小な凹凸を測定し、解析することを意味します。それによって、製品が設計どおりに機能するかどうか、または特定の用途に適しているかどうかを確認することができます。

　製図において、表面粗さは特定の記号と数値で表されます。これによって製造者は、どの程度の粗さが許容されるのか、またその表面がどのように仕上げられるべきかを明確に理解することができます。表面の仕上げは、製品の外観だけでなく、摩耗抵抗、摩擦、密封性、そして他の多くの重要な特性にも影響を与えます。

　表面粗さの指定は、部品が正確にどのように製造され、どのように相互作用するかを制御する基盤を提供します。例えば、精密な適合が必要な機械の部品では、表面粗さの低いスムーズな仕上げが求められます。一方で、潤滑性を保持するために微細な表面の凹凸が必要な場合もあります。

　表面粗さはまた、製品の寿命と性能を予測し、改善するためにも不可欠です。良好な表面仕上げは、摩耗を減らし、製品の寿命を延ばし、最終的にはコストを削減することにもつながります。そしてこれは、製品の信頼性と維持管理の容易さを向上させるためにも重要です。

8

表面性状

# 8-2 表面性状の表し方

　表面性状の表し方は、JIS B 0031：2022（表面性状の図示方法）で規定されています。図面に表面性状を指示する際は、「表面の除去加工の有無」、「表面性状の種類」、「表面性状の数値」、「表面の加工法」などが書かれます。それらのルールを見ていきましょう。

## 表面性状の指示記号

　表面の性状は、表8-2-1の（1）～（3）の指示記号を用いて示されます。図面を読む際は、これらの記号の意味を正しく理解しておく必要があります。

▼表面性状の図示記号（表8-2-1）

| | 指示記号 | | 記号の意味 | 説明 |
|---|---|---|---|---|
| | 表面性状の要求事項を示さない場合 | 表面性状の要求事項を記す場合 | | |
| （1） | | | 除去加工をする | 表面の除去加工を行い、表面を仕上げる |
| （2） | | | 除去加工をしない | 表面の除去加工を行わない。元の材料（素材、生地）の表面そのままを用い、加工をしない |
| （3） | | | 除去加工の有無を問わない | 表面の加工要否を指定しない |

**除去加工をする**：この記号で指示がなされた箇所は、素材（生地）に対して除去加工を施して、指示された表面性状になるように仕上げを行います。具体的な表面性状の指示については後述します。

**除去加工をしない**：この記号で指示がなされた箇所は、素材の表面のままとし、除去加工は施しません。

**除去加工の有無を問わない**：この記号で指示がなされた箇所は、除去加工をするか否かについて設計者側からは指定されていません。製造者側の判断に任されているといえます。例えば、除去加工の有無は問わないが、表面性状は指定されているとします。この場合、製造に用いる素材（生地）の表面が、指定された表面性状を元から満たしているなら、除去加工は不要でしょう。一方、素材の表面が、指定された表面性状を満たしていなければ、除去加工が必要でしょう。つまり、「どのような素材を用い、どのような製造法で製造するか」によって、除去加工の要否が決まるといえます。

---

**COLUMN 表面性状**

機械製図において、**表面性状**は非常に重要な要素であり、部品や製品の表面の仕上がりに関する重要な情報を伝えます。表面性状は、製品の品質、性能、そして耐久性に直接関係するため、この情報は設計、製造、そして検査の各段階で非常に重要です。

表面性状は、表面の粗さ、波状、きずなど、部品の表面の特性を表すために使用されます。これには、表面の粗さ、加工法、筋目の方向などの指示が含まれます。

これらの指示は、通常、特定の記号や記述を使用して図面に示されます。これにより、製造者は部品をどのように仕上げる必要があるのか正確に理解し、それに従って加工することができます。

表面性状の指定は、製品の性能を確保し、また製品が特定の産業規格や法規制を満たすことを保証するのに重要です。

例えば、食品や医薬品の製造に使用される機器の場合、表面は滑らかで清潔でなければならず、特定の表面処理が必要とされることがあります。

同様に、航空宇宙や自動車のような高精度を要求される産業では、表面性状の正確な指定は、製品の信頼性と安全性を確保するのに不可欠です。さらに、表面性状の指定は、製品の寿命を延ばし、維持コストを削減することにも貢献します。

適切な表面処理は、摩耗を減らし、腐食を防ぎ、そして製品の外観を保護します。これは、製品の寿命を延ばし、長期的にはコストを削減することにつながります。

# 8-3 表面性状の種類

　表面の粗さに関する性状を数値で定量的に表す方法として、粗さパラメータが用いられます。粗さパラメータとしては主に以下のものが用いられます。

 **粗さパラメータ**

（1）算術平均粗さ：Ra

（2）最大高さ粗さ：Rz

（3）十点平均粗さ：RzJIS

　この中で、RaとRzは国際規格ISOにも規定されています。十点平均粗さはISOからは除外されましたが、日本国内では広く普及していることから、RzのあとにJISとつけてRzJISとして残されています。

・**注意**

　旧JIS規格では、十点平均粗さをRzで示していました。現在は最大高さ粗さがRzで、十点平均粗さがRzJISです。つまり、図面にRzと書かれている場合に、それが十点平均粗さを指しているのか（旧JIS）、あるいは最大高さ粗さを示しているのかは、図面が描かれた時期（現行規格になった2003年ごろが境となる）によって異なる可能性があります。図面を読むときは注意しましょう。

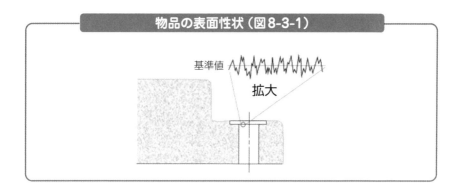

**物品の表面性状（図8-3-1）**

基準値

拡大

# 算術平均粗さ：Ra

図8-3-1に示すように、物品の表面を拡大すると、表面には凹凸が存在します。

表面の凹凸の度合いを数値化して、その数値で表面性状を規定すれば、製品の品質を保証する上で有効です。凹凸の度合いを示す方法として一般的に用いられているのが**算術平均粗さRa**です。算術平均粗さの求め方を図8-3-2で説明します。

算術平均粗さは、指定した長さ（抜き取り長さ）ℓの区間の凹凸の平均値を出す方法です。つまり、図8-3-2にグレーの斜線で示している部分の面積Aを求めて、それを長さℓで割ったものです。面積Aを求める際には、基準値よりも小さい部分の面積をマイナスで示してしまうと、プラスとマイナスがキャンセルされてゼロになってしまうので、絶対値をとって足し合わせます。

求めた面積Aを抜き取り長さℓで割ったものが、算術平均粗さRaです。この数値が小さいほど、表面が滑らかになります。

つまり、次の式で求められます。粗さ曲線$z(x)$の絶対値$|z(x)|$を抜き取り長さの区間0からℓまで積分して面積Aを求め、それを抜き取り長さℓで割って求めます。

面積　$A = \int_0^\ell \left| z(x) \right| dx$

算術平均粗さ $Ra = \dfrac{A}{\ell} = \dfrac{1}{\ell} \int_0^\ell \left| z(x) \right| dx$

## 名人からのアドバイス

### 粗さパラメータ

表面の粗さを示す粗さパラメータには、算術平均粗さ（Ra）、最大高さ粗さ（Rz）、十点平均粗さ（RzJIS）があります。RaとRzは国際規格ISOに基づきますが、RzJISは日本特有のもので、旧JISでのRzを指します。図面のRzの意味は制作時期により異なる可能性があります。算術平均粗さRaは、指定区間の表面凹凸の平均を示します。

8

表面性状

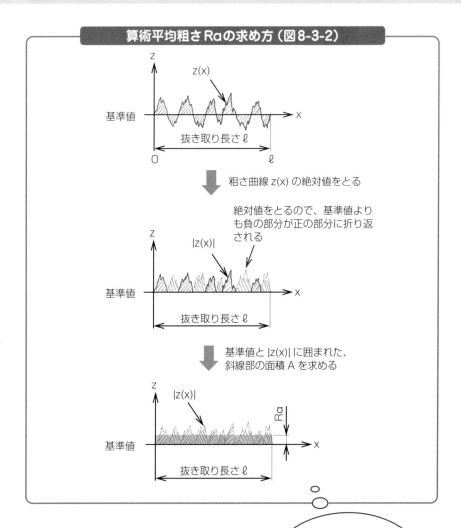

算術平均粗さ Ra の求め方（図8-3-2）

z(x)

基準値

抜き取り長さ ℓ

粗さ曲線 z(x) の絶対値をとる

絶対値をとるので、基準値よりも負の部分が正の部分に折り返される

|z(x)|

基準値

抜き取り長さ ℓ

基準値と |z(x)| に囲まれた、斜線部の面積 A を求める

|z(x)|

Ra

基準値

抜き取り長さ ℓ

算術平均粗さは、指定した長さ（抜き取り長さ）ℓの区間の凹凸の平均値を出す方法です。

最大高さ粗さ：Rz

　算術平均粗さ Ra は、抜き取り部の平均的な粗さの度合いを表していました。それでは、図8-3-3に示すような表面の場合はどうなるでしょうか。

　この図のように、局所的に大きな粗さの部位がある品物の場合、算術平均粗さを求めても平均化されてしまうため、さほど高く算出されません。

　このような場合は、正方向の大きさと負の方向の大きさの差をとって、**最大高さ粗さ Rz** を求めます。最大高さ粗さは、局所的、突発的な粗さの変化に敏感になります。そのため、大きな粗さ（傷など）が1か所でもあってはならない場合には、最大高さ粗さを用います。

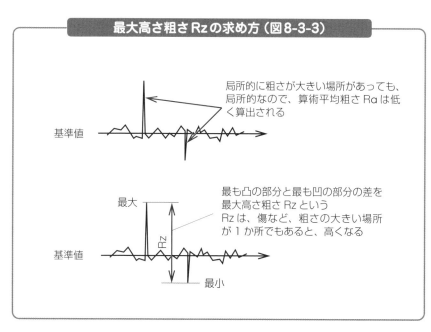

**最大高さ粗さ Rz の求め方（図8-3-3）**

局所的に粗さが大きい場所があっても、局所的なので、算術平均粗さ Ra は低く算出される

最も凸の部分と最も凹の部分の差を最大高さ粗さ Rz という
Rz は、傷など、粗さの大きい場所が1か所でもあると、高くなる

基準値　最大　Rz　基準値　最小

**8**
表面性状

 十点平均粗さ：Rz<sub>JIS</sub>

　最大高さ粗さが最大の山高さと最大の谷深さで規定されているのに対し、**十点平均粗さ Rz<sub>JIS</sub>** は、最大の山高さから5番目までの山高さの平均と、最大谷深さから5番目までの谷深さの平均を求め、その和をとったものです。

# 8-4 表面性状の数値

表面性状を算術平均粗さRaや最大高さ粗さRzなどで表しますが、その数値はμmの単位で示されます。一般的に用いられる数値と仕上げの度合いの目安を、表8-4-1に示します。

 **表面性状と仕上げ状態**

▼表面性状と仕上げの度合いの例（表8-4-1）

| 仕上げの度合い | 算術平均粗さ Ra [μm] | 最大高さ粗さ Rz [μm] |
|---|---|---|
| 超精密仕上げ面 | 0.05 | 0.2 |
| 精密仕上げ面 | 0.2 | 0.8 |
| 良好な機械仕上げ面 | 1.6 | 6.3 |
| 中級の機械仕上げ面 | 3.2 | 12.5 |
| 並みの機械仕上げ面 | 6.3 | 25 |
| 重要でない仕上げ面 | 12.5 | 50 |
| 荒仕上げ面 | 25 | 100 |

コスト大

表面を滑らかに仕上げるには、研削、研磨といった専用の仕上げ工程が必要になり、コストが増大します。そのため、製品の目的に応じて適切な表面性状が指示されています。

表8-4-2に、代表的な加工方法と、それらの加工方法で製作した場合の一般的な表面性状（Ra）の概要を示します。

例えば、普通鋳造で製造された品物の表面性状はRaで12.5〜25μm程度です。旋盤で旋削された加工面は、中程度の加工で3.2〜6.3μm程度ですが、精密旋削では0.4μm以下も可能です。

　この表に示すように、加工方法によって、実現可能な表面性状がある程度決まるため、それを参考に加工方法やコストを検討することになります。

▼加工方法と一般的な表面性状の関係（表8-4-2）

| 加工方法 | 加工方法記号 | 算術平均粗さRa [µm] | | | | | | | | | | |
|---|---|---|---|---|---|---|---|---|---|---|---|---|
| | | 0.025 | 0.05 | 0.1 | 0.2 | 0.4 | 0.8 | 1.6 | 3.2 | 6.3 | 12.5 | 25 |
| 鋳造 | C | | | | | | | | 精密 | | | |
| ダイキャスト鋳造 | CD | | | | | | | | | | | |
| 鍛造 | F | | | | | | | | 精密 | | | |
| 旋削（旋盤） | L | | | | 精密 | | 上 | | 中 | | | 荒 |
| フライス削り | M | | | | | | 精密 | | | | | |
| 穴開け | D | | | | | | | | | | | |
| リーマ仕上げ | FR | | | | 精密 | | | | | | | |
| 中ぐり | B | | | | | | 精密 | | | | | |
| 研削 | G | | | 精密 | | 上 | | 中 | | 荒 | | |
| ホーニング | GH | | | 精密 | | | | | | | | |
| ブローチ削り | BR | | | | 精密 | | | | | | | |

※加工方法記号は、JIS B 0122：1978（加工方法記号）による。

　RaやRzといった粗さパラメータの数値は、任意に選ぶのではなく、表8-4-3に示す標準数列から選んで記入します（特に表内の太字の数値を優先的に用いる）。

名人からのアドバイス

### 表面性状は粗さパラメータで表す

　表面性状は製品の品質を保証するために重要で、主に粗さパラメータによって定量的に表されます。

　算術平均粗さ（Ra）は表面の凹凸の平均値を示し、最大高さ粗さ（Rz）は局所的な粗さの変化に敏感で、十点平均粗さ（RzJIS）は山と谷の計10点分の平均値を求めます。これらのパラメータは、製品の目的に応じて選ばれます。表面の仕上げに必要な専用の工程はコストを増加させるので、適切な表面性状を指示する必要があります。

8
表面性状

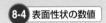 

▼ JIS B 0031 附属書1で定められた標準数列 (表8-4-3)

附属書1表1　Raの標準数列

|       | 0.012 | 0.125 | 1.25 | 12.5 | 125 |
|-------|-------|-------|------|------|-----|
|       | 0.016 | 0.160 | 1.60 | 16.0 | 160 |
|       | 0.020 | 0.20  | 2.0  | 20   | 200 |
|       | 0.025 | 0.25  | 2.5  | 25   | 250 |
|       | 0.032 | 0.32  | 3.2  | 32   | 320 |
|       | 0.040 | 0.40  | 4.0  | 40   | 400 |
|       | 0.050 | 0.50  | 5.0  | 50   |     |
|       | 0.063 | 0.63  | 6.3  | 63   |     |
| 0.008 | 0.080 | 0.80  | 8.0  | 80   |     |
| 0.010 | 0.100 | 1.00  |      | 100  |     |

(単位 μm)

附属表1表2　Rz及びRzJISの標準数列

|       | 0.125 | 1.25 | 12.5 | 125  | 1250 |
|-------|-------|------|------|------|------|
|       | 0.160 | 1.60 | 16.0 | 160  | 1600 |
|       | 0.20  | 2.0  | 20   | 200  |      |
| 0.025 | 0.25  | 2.5  | 25   | 250  |      |
| 0.032 | 0.32  | 3.2  | 32   | 320  |      |
| 0.040 | 0.40  | 4.0  | 40   | 400  |      |
| 0.050 | 0.50  | 5.0  | 50   | 500  |      |
| 0.063 | 0.63  | 6.3  | 63   | 630  |      |
| 0.080 | 0.80  | 8.0  | 80   | 800  |      |
| 0.100 | 1.00  | 10.0 | 100  | 1000 |      |

(単位 μm)

# 図面への表面性状の指示法

図面に表面性状の指示を記入する場合、記号、粗さパラメータの記入位置、その他の指示事項などが定められています。これらの基本な指示方法を理解しましょう。

 **表面性状の要求事項の表示**

8-2節で紹介した表面性状の図示記号に、表面性状の要求事項を記入します。記入する要求事項と記入する位置を図8-5-1に示します。

**表面性状の要求事項の種類と指示する場所（図8-5-1）**

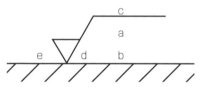

a：通過帯域または基準長さ、表面性状パラメータ
b：複数パラメータが要求されたときの2番目以降のパラメータ指示
c：加工方法
d：筋目とその方向
e：削り代

図のa〜eに示す記載項目とその記載位置が定められています。これらは常にすべてを記載しなければならないわけではありません。必要なものを記載します。

例として、表面性状の要求パラメータが"算術平均粗さでRa 3.2"であるとします。それ以外の要求事項は特に指定する必要がない場合、図8-5-2のようにパラメータの記号と数値だけを記入すればよいでしょう。

**パラメータ記号と数値のみを指示する場合（図8-5-2）**

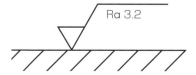

8

表面性状

粗さの上限U（Upper）と下限L（Lower）を指示したい場合は、図8-5-1のbに示す位置に、2番目の要求事項として記入します。

例えば、上限がRa 3.2、下限がRa 0.8の場合は、図8-5-3に示すように上限Uと下限Lのパラメータを記入します。

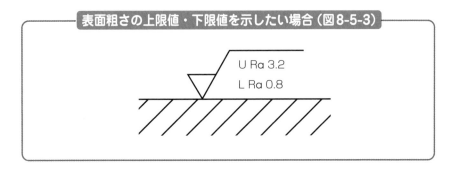

**表面粗さの上限値・下限値を示したい場合（図8-5-3）**

表面に除去加工した際、たとえRaやRzが同じであったとしても、加工方法や削る向きによって表面の状態（加工の筋目が現れるかどうか、など）が異なってきます。

それが問題になる場合（例えば「シール部分からの液体の漏れがないよう注意しなければならない」、「摩耗防止の観点で筋目の方向にも注意したい」など）には、加工方法や加工でできる筋目の方向を、図8-5-1のcおよびdの位置に指示します。

例えば、次の指示をするには、図8-5-4のように記入します。

① 算術平均粗さRa 1.6
② 筋目は投影面に平行
③ 加工方法はフライス削り（記号ではMで表す）を指定

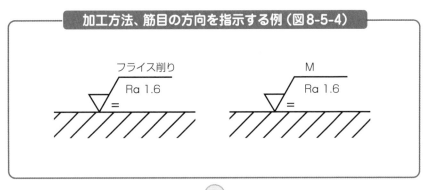

**加工方法、筋目の方向を指示する例（図8-5-4）**

　このとき、加工方法の指示には表8-4-2の加工方法記号を用います（表に示した加工方法以外はJIS B 0122：1978を参照）。また、筋目の方向とその指示記号を表8-5-1にまとめます。

▼筋目方向の記号（JIS B 0031：2022, ISO 1302：2002）（表8-5-1）

| 記号 | 説明図および解釈 | |
|------|------|------|
| = | 筋目の方向が、記号を指示した図の投影面に平行<br>例）形削り面、旋削面、研削面 | 筋目の方向 |
| ⊥ | 筋目の方向が、記号を指示した図の投影面に直角<br>例）形削り面、旋削面、研削面 | 筋目の方向 |
| X | 筋目の方向が、記号を指示した図の投影面に斜めで2方向に交差<br>例）ホーニング面 | 筋目の方向 |
| M | 筋目の方向が、多方向に交差<br>例）正面フライス削り面、エンドミル削り面 | |
| C | 筋目の方向が、記号を指示した面の中心に対してほぼ同心円状<br>例）正面旋削面 | |
| R | 筋目の方向が、記号を指示した面の中心に対してほぼ放射状<br>例）端面研削面 | |
| P | 筋目が、粒子状のくぼみ、無方向または粒子状の突起<br>例）放電加工面、超仕上げ面、ブラスチング面 | |

備考　これらの記号によって明確に表すことのできない筋目模様が必要な場合には、図面に"注記"としてそれを指示する。

8
表面性状

# 8-6 表面性状の記入法

これまでに学んだ表面性状の指示記号、指示値などを用いて、表面性状が図面に指示されます。図面に表面性状を指示する方法にも、いくつかのルールがあります。これらのルールを知って、表面性状を正しく指示できるようにしましょう。

## 基本的な指示法

表面性状を指示する基本的な方法は、「該当する面に、表面指示記号および粗さの種類、数値などを記入する」というものです。

図8-6-1に、表面性状の基本的な指示方法を示します。寸法数値と同じように、指示記号は、図面の下辺または右辺から読める向きに記入されます。図8-6-1で破線の矢印で示す部分に指示記号をつける際は、引出線を出してその上に指示記号をつけることで、すべて下辺から読めるように指示されています。このような指示方法を見たときに、「引出線の矢印で指している面の表面性状が指示されている」とすぐわかるようにしておきましょう。A-B面は、下辺から読めるのでそのまま指示記号をつけます。A-C面についても、右辺から読めるので指示記号を反時計回りに90°回転させて、A-C面上にそのまま指示記号をつけます。

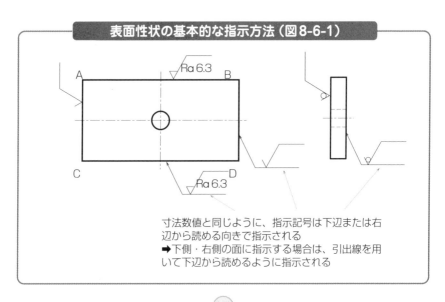

**表面性状の基本的な指示方法（図8-6-1）**

寸法数値と同じように、指示記号は下辺または右辺から読める向きで指示される
➡下側・右側の面に指示する場合は、引出線を用いて下辺から読めるように指示される

## すべての面が同じ表面性状の場合

　図面は合理的に描かれるものです。そのため、品物の全面がすべて同じ表面性状の場合、わざわざすべての面に表面性状の指示記号を入れて数値を指示する必要はありません。図8-6-2に示すように、図面の上段に一括で指定されます。例えば図8-6-2のように、「Ra 6.3」という一括指示があった場合は、すべての面が削られていて、かつ指定された表面性状になっていることがわかります。

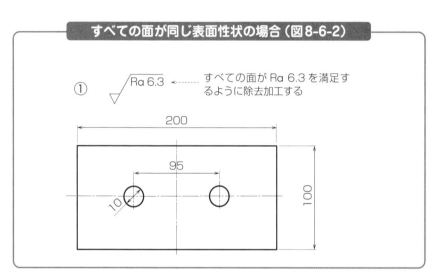

すべての面が同じ表面性状の場合（図8-6-2）

① すべての面が Ra 6.3 を満足するように除去加工する

### 名人からのアドバイス

### 表面性状の指示

　図面における表面性状の指示は、指示記号や粗さの種類、数値を使用し、特定のルールに従って記入されます。

　基本的な指示方法としては、該当する面に指示を直接記入しますが、すべての面が同じ表面性状の場合は一括指定が可能です。一部の面だけ異なる場合は、簡略的な指示方法が用いられます。

8
表面性状

## 一部以外は同じ表面性状の場合

すべての面ではなく、「一部だけ違う表面性状」という場合も、なるべく簡易な方法で表面性状が指示されます。例えば、多くの表面は除去加工をしない物品において、一部の面だけ除去加工をしてほしい場合、図8-6-3のような指示がなされます。

これは、次のような意味を持っています。

---

（1）個別に表面性状の指示がなされていない面は、除去加工をしない。

（2）個別に表面性状の指示がなされている面だけ、その指示のとおりにする。

---

このような指示は、実用的な図面でよく用いられます。カッコ内に記されている表面性状の指示は、図面上に記されているので、どの部分は除去加工されて、どの部分は除去加工されないのか、読み取れるようにしましょう。

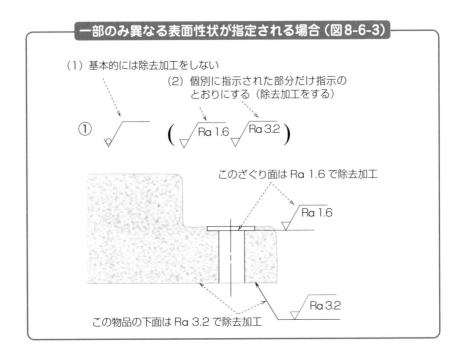

一部のみ異なる表面性状が指定される場合（図8-6-3）

（1）基本的には除去加工をしない

（2）個別に指示された部分だけ指示のとおりにする（除去加工をする）

このざぐり面は Ra 1.6 で除去加工

この物品の下面は Ra 3.2 で除去加工

**その他の指示方法**

• **部品一周（全周）に同じ表面性状を指示**：図8-6-4に示すように、指示記号に○をつけた場合は、「図面上で閉じた外形線で示された全周に、同一の表面性状を指示」していることを意味します。この例の場合、図中の面A、B、C、DにRa 3.2の除去加工を施すことを求めています。

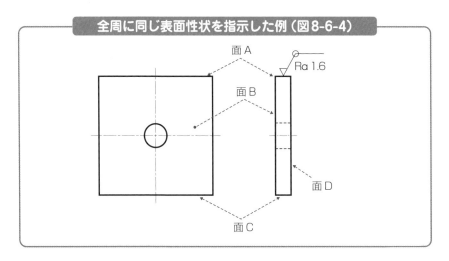

**全周に同じ表面性状を指示した例（図8-6-4）**

面A

Ra 1.6

面B

面D

面C

• **寸法補助線・引出線への指示**：図8-6-5に示すように、寸法補助線および引出線に接するように表面性状を指示することも可能です。

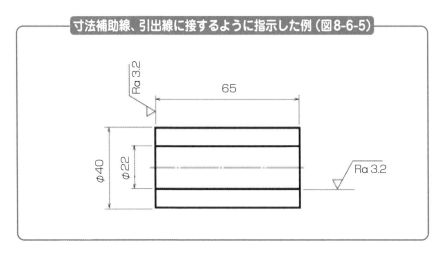

**寸法補助線、引出線に接するように指示した例（図8-6-5）**

Ra 3.2

65

φ40

φ22

Ra 3.2

• **幾何公差枠への指示**：図8-6-6に示すように、対象としている面が矢印で幾何公差を指示している面であることが明らかな場合、幾何公差枠に表面性状を指示することも可能です。

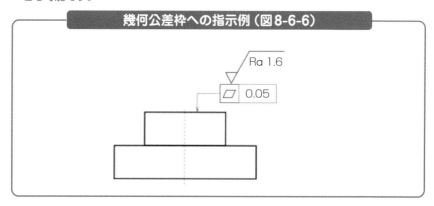

幾何公差枠への指示例（図8-6-6）

• **寸法線への指示**：図8-6-7に示すように、対称面が円筒であることが明らかな場合、寸法線に並べて表面性状を指示することができます。この場合、直径 φ45 で示されている円筒面に中ぐり加工（加工方法記号B）によって、Ra 1.6になるように除去加工を施すことを意味します。

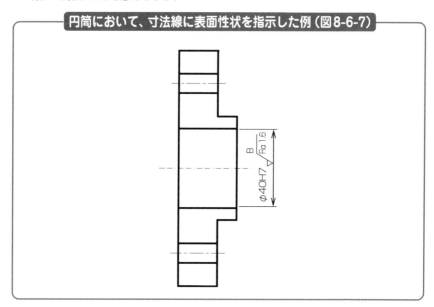

円筒において、寸法線に表面性状を指示した例（図8-6-7）

- **同一の図示記号を、近接した2か所に指示したい場合**：同じ表面性状を、近接する2つの面に指示したい場合、図8-6-8に示すように、矢印を分岐させてまとめて指示することができます。

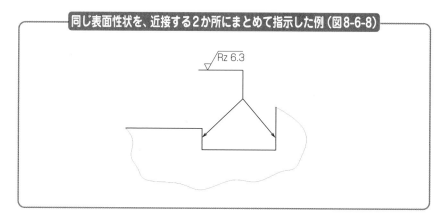

同じ表面性状を、近接する2か所にまとめて指示した例（図8-6-8）

- **指示スペースが限られる場合**：指示スペースが限られる場合、図8-6-9に示すように、文字をつけた簡略図示記号で指示し、その記号の意味を適当な余白に記入する方法も使用できます。

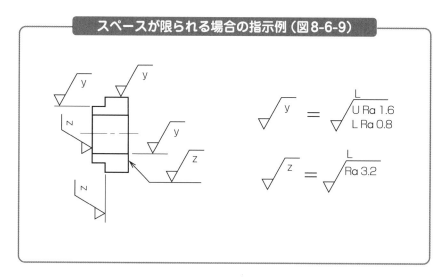

スペースが限られる場合の指示例（図8-6-9）

　これまで説明してきた表面性状の指示法は、現行のJIS規格に沿ったものです。一方で、古い図面を見ると、旧JISによる表面性状の指示がなされています。そのため、旧JIS規格による表面性状の指示法を知っておくと有用です。

## 新旧の表面性状指示

　表8-7-1に、表面粗さ記号の新旧比較を示します。現行の規格はJIS B 0601：2013に対して、それ以前の規格ではそれぞれ次のように表していました。

### ・JIS B 0601：1994

　表に示すとおり、指示記号の上に粗さパラメータの数字のみを示しています。粗さパラメータは、算術平均粗さの数値です。

### ・JIS B 0601：1982

　▽記号の数で表面の仕上げの度合いを示していました。現場では、記号の数で"一発"（▽）、"四発"（▽▽▽▽）などと呼ぶことがあります。「表面の仕上げは二発でいい？」などと聞かれたら、算術平均粗さで3.2μm、6.3μm程度だとすぐわかるようにしておくとよいでしょう。

---

**COLUMN　粗さパラメータ**

　機械製図における**粗さパラメータ**は、工作物の表面状態を定量的に表現するための重要な要素となります。

　これは、製品の品質や機能を保証する上で欠かせない情報であり、製図者はこれを明示する必要があります。

　粗さパラメータは、一般には図面上に特定の記号や数値で示され、それによって機械加工時に適切な表面仕上げが施されることを保証します。

　機械製図において粗さパラメータを適切に表現できているかどうかは、製品の機能や耐久性、さらには見た目にも大きく影響します。

　例えば、粗さが高すぎると、部品同士の摩擦が増加し、耐久性が低下する可能性があります。

　一方で、滑らかすぎる表面は、特定の応用においては不適切であり、また加工コストも増加します。

▼表面粗さ指示記号の新旧比較 (表8-7-1)

| 仕上げの度合い | 算術平均粗さ Ra [μm] | 最大高さ粗さ Rz [μm] | 現行の指示記号 JIS B 0601 : 2013 | 旧JISの指示記号 JIS B 0601 : 1994 | JIS B 0601 1982 |
|---|---|---|---|---|---|
| 超精密仕上げ面 | 0.05 | 0.2 | | | ▽▽▽▽ |
| 精密仕上げ面 | 0.2 | 0.8 | (例) Ra 3.2 | | ▽▽▽ |
| 良好な機械仕上げ面 | 1.6 | 6.3 | | Raの値 | ▽▽▽ |
| 中級の機械仕上げ面 | 3.2 | 12.5 | (例) Rz 6.3 | 6.3 | ▽▽ |
| 並みの機械仕上げ面 | 6.3 | 25 | | | ▽▽ |
| 重要でない仕上げ面 | 12.5 | 50 | | | ▽ |
| 素仕上げ面 | 25 | 100 | | | |
| 除去加工をしない (仕上げなし) | | | | | ～ |

**COLUMN 機械製図と「表面」**

機械製図は、部品や機器の形状や寸法を示す技術的なドローイングですが、その中で「表面」の示し方も非常に重要です。表面は、物体の外側の部分を指すだけでなく、製品の機能や性能、見た目や手触りなど、多くの要素に影響を与える要因となります。製図における「表面」の表現は、部品がどのような加工や仕上げを受けるべきかを示します。例えば、摩擦を低減するための研磨、あるいは防錆のためのコーティングなど、特定の要求に応じた表面処理が指定されることが多いです。さらに、部品同士の接触や動きをスムーズにするため、特定の表面粗さが要求されることもあります。これは、機械の動作を最適化するためのキーとなる要素です。製図上での「表面」の指示には、特定の記号や注記が使われます。これにより、製造現場では正確な加工や仕上げを施すことができ、製品の品質や性能を一定に保つことが可能となります。機械製図における「表面」の表現は、単に外見だけでなく、製品の核心的な品質や機能を保障する要としての役割を果たしているのです。

# Memo

# 9

# 材料記号

図面には、形状や寸法とともに、その品物の材質が記入されています。設計品は、材料の機械的特性（強度など）、耐薬品性、耐久性、コストなどを勘案して材質を決めています。図面には、基本的に材料記号を用いて材質が示されます。

ここでは、私たちの身の回りの製品でよく用いられる主要な材料について、材料記号を理解しましょう。

# 9-1 材料の分類

工業製品などで一般的に使用される主要な材料の分類を表9-1-1に示します。最も身近な材料は、**金属材料**と**非金属材料**です。そのほかに**特殊材料**があります。**金属材料**は、**鉄鋼材料**と**非鉄金属材料**に分けられます。

## ⚙ 工業材料

鉄鋼材料は鉄 (Fe) を主成分とする材料です。鉄鋼材料以外の金属材料を**非鉄金属材料**と呼びます。代表的なものには、アルミニウムやその合金、銅やその合金があります。そのほかにも、マグネシウム、鉛、亜鉛、ニッケル、チタンなど様々なものがあります。

金属以外の材料を**非金属材料**と呼びます。非金属材料は、**無機材料**と**高分子材料**に分けられます。無機材料の代表例はガラスやセラミックスです。高分子材料の代表例はプラスチックです。

▼主な工業材料の分類（表9-1-1）

| 材料 | 金属材料 | 鉄鋼材料 | 鋳鉄、炭素鋼、合金鋼　など |
|---|---|---|---|
| | | 非鉄金属材料 | アルミニウム、銅、マグネシウム、亜鉛　など |
| | 非金属材料 | 無機材料 | ガラス、セラミックス、セメント　など |
| | | 高分子材料 | プラスチック、ゴム、接着剤　など |
| | 特殊材料 | | 機能材料、複合材料　など |

# 工業製品に使われている材料の例

　身近な工業製品の中で、多様な材料を使用してつくられている機械である自動車を例に、そこで使われている材料を表9-2-1に示します。

 ## 材料の選定

　例えば、エンジンの構造系の主要部品の中で、特に強度が要求されるクランク軸、ボディーの鋼板、ボルトなどには、主に鉄鋼材料が用いられています。

　ピストン、シリンダブロック、シリンダヘッドなど、ある程度の強度に加えて、軽量化、優れた熱の移動特性（熱伝導率など）、加工性などが要求される部分には、アルミニウム系の材料が用いられています。

　配線、モーターコイルなどの通電部品には銅などが用いられます。内装、カバー、高い強度が要求されない部分の構造部品には、軽量で成形性が高いプラスチック材料が用いられています。

▼自動車に用いられる主な材料の例（表9-2-1）

| 分類1 | 分類2 | 分類3 | 部品名 |
|---|---|---|---|
| 金属材料 | 鉄鋼材料 | 炭素鋼 | エンジンのクランク軸など |
| | | 鋼板 | ボディの鋼板（高張力鋼板）など |
| | | 特殊鋼 | 歯車、クランク軸、カム軸、高張力ボルトなど |
| | 非鉄金属材料 | アルミニウム | ピストン、シリンダブロック、シリンダヘッドなど |
| | | 銅 | ワイヤーハーネス、配管など |
| 非金属材料 | 無機材料 | ガラス | 窓ガラスなど |
| | | セラミックス | 触媒の担体、点火プラグの絶縁ガイシなど |
| | 高分子材料 | プラスチック | バンパー、バッテリーケース、内装パネルなど |
| | | ゴム | オイルシール、タイヤなど |

9

材料記号

　このように、身の回りの製品には様々な材料が用いられています。材料の種類によって、強度、加工性、耐疲労特性、耐摩耗性、耐熱性、耐腐食性、コストなどが大きく異なります。そのため、製品を設計する際は、その部品に求められる要求を満足するように、最適な材料が選定されます。

　例えば、鉄鋼材料でできた軸部品を設計したいとします。その際、図面には材料をどのように示したらよいでしょか。例えば、炭素鋼でつくるとしても、炭素鋼にも様々な種類があります。そのため、実際に製品の材料を示すとき、「鋳鉄」や「炭素鋼」というだけでは不十分です。詳しくはあとで説明しますが、材料記号を用いて「どのような炭素鋼なのか？」を指示します。

---

**COLUMN** 機械製図と「成形性」

　機械製図は、機械部品や装置の詳細を視覚的に伝えるツールです。その中で、部品の成形性は、設計者と製造現場の間での重要なコミュニケーション要素となります。

　成形性とは、「材料がどれだけ容易に所望の形状に加工・成形できるか」を示す性質です。例えば、シートメタルの曲げやプラスチックの射出成形など、製品の形状をつくる過程で、その材料が正確に望む形になるような特性が求められます。

　機械製図上では、特定の成形方法や条件、さらには成形に関連する注記や制約がしばしば示されます。これにより、製造者は適切な加工技術や機器を選択し、無駄なトライアルやエラーを避けることができます。

　さらに、成形性の考慮は、部品の設計段階から始まります。設計者は、成形性を確保しつつ、機能や品質を犠牲にしない形状を追求する必要があります。このバランスが、製品の品質やコスト、製造効率に大きく影響します。

　機械製図における成形性の注記や考慮は、製品の製造がスムーズに進む道筋を示し、設計の意図を正確に実現するための鍵となるのです。

# 9-3 材料記号の分類

図面には、使用する材料を具体的に示す必要があります。JISによる材料記号の意味を知り、図面中に適切な材料記号の指示を入れましょう。

##  JIS材料記号

材料の指示法にもルールがあります。ここでは、JISに基づく材料記号を説明します。材料記号はJIS規格で次のように定められています。

**鉄鋼材料** ： JIS G XXXX
**非鉄金属材料** ： JIS H XXXX

### ●鉄鋼材料の記号

鉄鋼材料の材料記号は、次に示すように、基本的には3つの部分で構成されます。

---

① 第1の部分：「材質」を表す

② 第2の部分：「規格名、製品名、合金材料」などを表す

③ 第3の部分：「種類」を表す

---

（例）SS400、SCM415、SUS304、SUP11　など

### ●非鉄金属材料の記号

代表的な非鉄金属として、銅材料（伸銅品）とアルミニウム材料（アルミニウム展伸材）の記号は次のように示されます。

---

① 伸銅品：伸銅品の材料記号C（Copper）＋4桁の数字で表す

② アルミニウム展伸材：アルミニウム展伸材の材料記号A（Aluminium）＋4桁の数字で表す

---

（例）C1100、A2017など

9

材料記号

**223**

鉄鋼材料は最も多く用いられる金属材料であり、その種類は多岐にわたります。代表的な鉄鋼材料の材料記号と大まかな性質を知っておきましょう。

## 鉄鋼材料の分類

鉄鋼材料は、次のように大別されます。

| | |
|---|---|
| 純鉄 | ： 炭素含有量が0.02%以下のもの |
| 炭素鋼（鋼） | ： 炭素含有量が0.02～2.1%のもの |
| 鋳鉄 | ： 2.1%以上のもの |

**純鉄**は、電磁気的な性質に優れるため、電気機器の材料などに用いられます。一方で、機械的強度が低く柔らかいため、構造材料には適しません。**炭素鋼**は、炭素を0.02～2.1%程度含有する鉄です。適正な量の炭素を含有することで、強度が増大します。また、熱処理によって様々な機械特性を生み出すことができます。炭素含有量が2.1%程度以上のものを**鋳鉄**と呼びます。融解した鉄を型に流し入れて固めて成型する鋳造に用いられます。鋳造品は、複雑な形状のものを低コストで大量生産することが可能です。強度特性に優れる炭素鋼および複雑な形状を安価に成型できる鋳鉄は、量産品の材料として広く用いられています。

### ●鉄鋼材料の材料記号の3つの部分

鉄鋼系材料の材料記号は、大きく分けると3つの部分からなります。第1の部分では、次の記号を用いて材質を表します。

| | |
|---|---|
| F（Ferrum） | ➡ 「鉄」の意味 |
| S（Steel） | ➡ 「鋼（炭素鋼）」の意味 |

このほかに、第2の部分と第3の部分で**材料の種類、合金の材料、用途、種別**などを付加して、材料記号が構成されます。つまり、表9-4-1のような組み合わせになります。

▼鉄鋼材料記号の構成（表9-4-1）

| （1）第1の部分<br>材質を表す | （2）第2の部分<br>製品名、規格名、合金名 | （3）第3の部分<br>種類を表す |
|---|---|---|
| S（鋼：Steel）<br><br>F（鉄：Ferrum） | S（構造用：Structure）<br><br>M（溶接用：Marine）<br><br>F（鍛造品：Forging）<br><br>C（鋳造品：Casting）<br><br>C（クロム：Chromium）<br><br>C（炭素含有量）<br><br>N（ニッケル：Nickel）<br><br>US（ステンレス：Use Stainless）<br><br>UP（ばね：Use Spring）<br><br>K（工具）<br><br>H（高速度） | 最低引張強さ [N/mm$^2$]<br>（例：400）<br><br>2、3、4などの種別 |

 **代表的な鉄鋼材料の記号**

代表的な鉄鋼材料の記号の例を次に示します。

● 一般構造用圧延鋼材（JIS G 3101）

SS400とは、**最低引張強さ400N/mm$^2$** の **一般構造用圧延鋼材** であることを意味します。

9

材料記号

● ねずみ鋳鉄品（JIS G 5501）

FC200とは、**最低引張強さ200N/mm²のねずみ鋳鉄品**であることを意味します。

● 機械構造用合金鋼鋼材（JIS G 4053）

SCM430とは、**合金鋼**の一種で、**クロムとモリブデン**を含有するものです。「430」の最初の4は種別で、あとの30は、炭素含有量（％）を100倍した数字が示されています。そのため、30とは炭素含有量0.30％程度であることを意味します。

● 炭素工具鋼（JIS G 4401）

SK120とは、工具に用いる炭素鋼である工具鋼を指します。

● ステンレス鋼（JIS G 4303）

SUSとは、**Steel Use Stainless**という意味で、**ステンレス鋼**を指します。303は種別です。オーステナイト系、フェライト系、マルテンサイト系などの種類があります。**耐腐食性に優れる**ため、医療、食品、化学など広く使用される金属の1つです。

● 機械構造用炭素鋼鋼材（JIS G 4051）

**機械構造用炭素鋼鋼材**の材料記号の表示配列は少し異なり、次のようになります。

第1の記号は材質である Steel を表すSですが、そのあとに**炭素の含有量を表す2桁の数字**（百分率で表した炭素含有量の数値を100倍したもの）と炭素の記号Cがつきます。

つまり、**S25C**とは、**炭素含有量0.25%**の**機械構造用炭素鋼鋼材**を意味します。

**9**

材料記号

# 9-5 非鉄金属の材料記号

非鉄金属は、その名のとおり鉄以外の金属材料を指します。アルミニウム（Al）、銅（Cu）、マグネシウム（Mg）、チタン（Ti）など様々なものがあります。ここでは、身近な非鉄金属材料として、アルミニウム系および銅系の材料の記号について説明します。

## アルミニウムおよびその合金（JIS H 4000）

アルミニウムおよびその合金は、次のように表します。

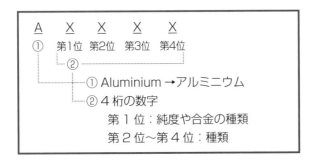

一例を次に示します。4桁の数字のうちの第1位は、アルミニウムの純度や合金の種類を示しています。**A1000系**は、**純度99.0%以上の純アルミニウム**です。**A2000系**は、**Al-Cu-Mg系**のアルミニウム合金を指します。**A2017**は、**ジュラルミン**とも呼ばれ、鋼に匹敵する引張強さを持つ、熱処理されたアルミニウム合金です。

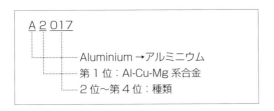

# 銅およびその合金（伸銅品）（JIS H 3100）

　銅およびその合金は伸延性が高く、伸ばしたり広げたりするのが容易です。通常は板材、棒材、線材などに加工して供給されます。そのため、**伸銅品**とも呼ばれます。伸銅品は、アルミニウムと同様、次のように表します。

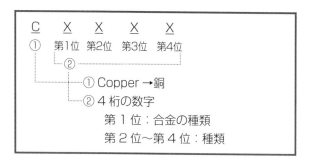

　一例を次に示します。4桁の数字のうちの第1位は、主要な添加元素で分けた合金系統を示しています。例えばC2000系は、銅に亜鉛（Zn）を加えた合金で、黄銅または真鍮とも呼ばれ、広く使用されています。

9

材料記号

## 9-6 代表的な金属の材料記号

代表的な金属の材料記号の例を示します。

 **鉄鋼材料の記号例**

表9-6-1および表9-6-2に、実用的な鉄鋼材料の記号などの例を示します。

▼鉄鋼材料記号の例（表9-6-1）

| JIS番号 | 材料名 | 材料記号の例 | 説明 | 主な用途の例 | 備考 |
|---|---|---|---|---|---|
| G 3101 | 一般構造用圧延鋼材 | SS330<br>SS400<br>SS490<br>SS540 | （例）SS400の場合、引張強さ400N/mm²以上 | 車両、船舶、建築物、一般機械部品、ねじ部品など | |
| G 3106 | 溶接構造用圧延鋼材 | SM400<br>SM490<br>SM520<br>SM570 | （例）SM400の場合、引張強さ400N/mm²以上 | 同上 | 一般構造用圧延鋼材に対して溶接性を高めたもの |
| G 4051 | 機械構造用炭素鋼鋼材 | S10C<br>S15C<br>S20C | 数字は炭素含有量[%]を100倍した値（例）S20Cは炭素含有量0.20% | ボルト、ナット、リベット | 炭素含有量が多いほど、引張強さが大きくなる |
| | | S30C<br>S45C<br>S58C | | 軸、ロッド、ピン、キー | |
| G 5501 | ねずみ鋳鉄品 | FC100<br>FC150<br>FC200<br>FC250<br>FC300<br>FC350 | （例）FC200の場合、引張強さ200N/mm²以上 | ケーシング、カバー、一般機械部品 | |
| G 4053 | 機械構造用合金鋼鋼材 | SNC415<br>SNC815 | ニッケルクロム鋼 | ボルト、ナット、軸類、歯車 | |
| | | SCM430<br>SCM440 | クロムモリブデン鋼 | 歯車、軸類、強力ボルト | |

| G 4401 | 炭素工具鋼 | SK120 | | 鉄鋼やすり、かみそり | |
| G 4404 | 合金工具鋼 | SKS11 | | 切削用バイト | |
| G 4403 | 高速度工具鋼 | SKH40 | 高速切削による熱に耐えられる工具。ハイスピード工具鋼なので"ハイス"とも呼ばれる。高温で軟化しにくい特性がある | | |
| G 3201 | 炭素鋼鍛鋼品 | SF490A<br>SF540A<br>SF540B | （例）SF540の場合、引張強さ540N/mm² 以上 | ボルト、ナット、軸、カム、歯車、キー | A、Bは熱処理の違い |

※本表は材料のJIS規格からの抜粋であり、詳しくは対応するJIS規格を参照のこと。

▼ステンレス鋼の材料記号の例（表9-6-2）

| JIS番号 | 材料名 | 分類 | 材料記号の例 | 説明 | 磁性 |
|---|---|---|---|---|---|
| G 4303 | ステンレス鋼棒 | オーステナイト系 | SUS303<br>SUS304 | 耐食効果があるクロム（Cr）を鉄に添加することで、Crの酸化被膜が保護膜となり、大気中ではほとんど腐食しない。耐食性があって美観にも優れるため、医療器具、食品器具、化学器具、機械装置、一般用など広く用いられる | なし |
| | | フェライト系 | SUS405<br>SUS430 | | あり |
| | | マルテンサイト系 | SUS403<br>SUS410 | | あり |
| | | オーステナイト・フェライト系 | SUS329J1 | | あり |
| | | 析出硬化系 | SUS630<br>SUS631 | | あり |

※本表は材料のJIS規格からの抜粋であり、詳しくは対応するJIS規格を参照のこと。

**9**

材料記号

## 非鉄金属材料の記号例

　非鉄金属材料の例として、表9-6-3にアルミニウム材料の材料記号例を、表9-6-4に伸銅品の材料記号の例を示します。

▼アルミニウムおよびアルミニウム合金の材料記号の例（表9-6-3）

| JIS番号 | 材料名 | 材料記号の例 | 分類 | 説明 | 用途 |
|---|---|---|---|---|---|
| H 4000 | アルミニウムおよびアルミニウム合金の板および条 | A1080<br>A1070 | 純アルミニウム | 純度99.00%以上のもの。強度が低い | 日用品、導電材、容器など |
| | | A2014<br>A2017<br>A2024 | Al-Cu系合金、Al-Cu-Mg系合金 | 熱処理合金であり、強度が高く切削加工性もよい。A2017はジュラルミン、A2024は超ジュラルミン | 航空機用材、各種構造材 |
| | | A3003<br>A3004 | Al-Mn系合金 | Mnを添加することで1000系（純アルミニウム）よりも強い | 飲料缶、建築用材など |
| | | A5005<br>A5052 | Al-Mg系合金 | 耐食性が高く、加工、溶接もしやすい | 建築用材、車両内外装材 |
| | | A6061<br>A6063 | Al-Mg-Si-(Cu)系合金 | 熱処理合金であり強度が高い。A6061はCuを添加してさらに強度が高い | 構造用材、クレーン |
| | | A7075 | Al-Zn-Mg-(Cu)系合金 | アルミニウム合金の中で最も強度が高い。A7075は超々ジュラルミンとも呼ばれる | 航空機用材、強度部材、スポーツ用品 |

※本表は材料のJIS規格からの抜粋であり、詳しくは対応するJIS規格を参照のこと。

▼銅および銅合金の材料記号の例 (表9-6-4)

| JIS番号 | 材料名 | 材料記号の例 | 名称 | 説明 | 用途 |
|---|---|---|---|---|---|
| H 3100 | 銅および銅合金の板および条 | C1020 | 無酸素銅 | 電気・熱の伝導性が高く、加工性もよい | 電気、化学工業用 |
| | | C1100 | タフピッチ銅 | 上記C1020の特性に加えて、耐候性がよい | 電気、ガスケット、一般器物 |
| | | C1201他 | リン脱酸銅 | 上記に比べてさらに電気伝導性が高い | 化学工業用、ガスケット |
| | | C2100他 | 丹銅 | 美しい光沢を持ち、加工性が高い | 建築用材、装身具など |
| | | C2600他 | 黄銅 | 加工性、メッキ性がよい | 深絞り用、端子など |
| | | C3710他 | 快削黄銅 | 特に被削性に優れ、打抜き性も高い | 歯車、時計部品など |
| | | C4250他 | すず入り黄銅 | 耐摩耗性、バネ性がよい | ばね、スイッチ、リレーなど |
| | | C6161他 | アルミニウム青銅 | 高強度、耐海水性、耐摩耗性 | 機械部品、船舶部品など |
| | | C7060他 | 白銅 | 耐食性、耐海水性、耐熱性 | 熱交換器など |

※本表は材料のJIS規格からの抜粋であり、詳しくは対応するJIS規格を参照のこと。

**9**

材料記号

# 9-7 材料記号の表示

通常、材料記号は**表題欄に設けた部品欄の中**に記入されます。

##  材料記号の指定

　図9-7-1に示すように、普通は表題欄を図面の右下の隅などに設けます。部品欄には、**品番**、**品名**、**個数**、**1個当たりの質量**、**備考**などが記入されます。このとき、材質は材料記号を用いて指示されます。

　日常生活では、例えば、鉄系の材料でできた品物を「鉄でできている」ということが多いです。しかし、鉄にもいろいろな種類があり、強度、加工性、耐腐食性などが大きく異なります。図9-7-1に示されている材料記号はすべて「鉄系」の材料です。しかし、それぞれに適した材料記号になっています。つまり、同じ鉄系の材料ですが、目的に応じて種類が異なります。

### 表題欄・部品欄の例（図9-7-1）

材質が材料記号で表示されている

| 品番 | 品名 | 材質 | 個数 | 質量 | 備考 |
|---|---|---|---|---|---|
| 4 | 六角ボルト | SS400 | 4 | 0.1 | JIS B 1451 |
| 3 | 六角ナット スタイル1 | SS400 | 4 | 0.05 | JIS B 1181 |
| 2 | 継手本体 2 | FC200 | 1 | 1.2 | JIS B 1451 |
| 1 | 継手本体 1 | FC200 | 1 | 1.2 | JIS B 1451 |

部品欄／表題欄

| 日付 | | 図名 | 軸継手部品図 |
|---|---|---|---|
| 尺度 | 1:1 | | |
| 所属 | | | |
| 投影法 | | 作図者 | 図番 |

234

# 9-8 樹脂材料

　プラスチックなどの樹脂材料は、「軽い」、「加工しやすい」、「熱や電気を通しにくい」、「透明にしたり着色したりできる」など、金属材料にはない特性を持っているため、金属材料と併せて広く用いられています。

## 樹脂材料の記号

　主要な樹脂材料の一覧を表9-8-1に示します。樹脂材料は、基本的に材料の略称（英語名の頭文字からとったもの）で表されます。

### ●熱可塑性樹脂

　加熱すると柔らかくなり、可塑性が増す樹脂を指します。固体の状態から加熱すると軟化し、やがて液体になります。

### ●熱硬化性樹脂

　熱硬化性樹脂は、加熱するといったんは流動性の状態になりますが、そののちに化学反応を起こして硬化します。耐熱性が要求される部位への使用に適した樹脂です。

### ●エンジニアリングプラスチック

　熱可塑性樹脂は、汎用樹脂とエンジニアリングプラスチックに大別できます。エンジニアリングプラスチックは、機械の構造体、機能部品として金属の代わりに使用できるような、高性能の樹脂材料を指します。汎用樹脂に比べて高強度、高剛性であり、耐摩耗性、耐熱性、耐薬品性などにも優れています。

▼代表的な樹脂材料（表9-8-1）

| 分類 | | 略称 | 樹脂名 | 特徴 |
|---|---|---|---|---|
| 熱可塑性樹脂 | 汎用樹脂 | PE | ポリエチレン | 耐薬品性、絶縁性 |
| | | PP | ポリプロピレン | 曲げに強い、耐薬品性、耐候性、絶縁性 |
| | | PVC | ポリ塩化ビニル | 燃えにくい、耐薬品性、耐候性、絶縁性 |
| | | PS | ポリスチレン | 絶縁性、キズがつきやすい |
| | | ABS | ABS樹脂 | 耐衝撃性、酸やアルカリに強い |
| | | PMMA | メタクリル（アクリル樹脂） | 無色透明、耐候性 |
| | エンジニアリングプラスチック | PET | ポリエチレンテフタレート | 加工性、高い透明性 |
| | | PA | ポリアミド（ナイロン） | 耐衝撃性、耐摩耗性、耐薬品性 |
| | | PC | ポリカーボネート | 耐薬品性、耐衝撃性、アルカリに弱い |
| | | POM | ポリアセタール | 粘り強い、耐摩耗性、耐油性 |
| | | PTFE | 四フッ化エチレン樹脂（テフロン） | 耐薬品性、耐熱性、耐候性 |
| | | PPE | ポリフェニレンエーテル | 耐薬品性、耐熱性、絶縁性 |
| 熱硬化性樹脂 | | PF | フェノール樹脂/ベークライト | 耐熱性、絶縁性、耐酸性、強度 |
| | | MF | メラミン樹脂 | 耐水性、耐衝撃性 |
| | | EP | エポキシ樹脂 | 耐熱性、耐摩耗性、耐薬品性 |
| | | PUR | ポリウレタン | 耐薬品性、耐溶剤性、耐熱性 |

# 9-9 めっき処理

めっきとは、金属などの表面に薄い金属の膜でコーティングすることを指します。表面の防錆、耐摩耗性向上、装飾などのために、金属や樹脂の表面にめっき処理を施すことがあります。

## 電気めっきの記号

一般的に用いられるめっき法である電気めっきの表示記号を図9-9-1に示します。

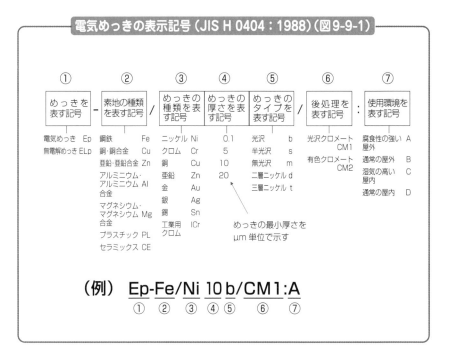

電気めっきの表示記号（JIS H 0404：1988）（図9-9-1）

| ① めっきを表す記号 | ② 素地の種類を表す記号 | ③ めっきの種類を表す記号 | ④ めっきの厚さを表す記号 | ⑤ めっきのタイプを表す記号 | ⑥ 後処理を表す記号 | ⑦ 使用環境を表す記号 |

| ① | ② | ③ | ④ | ⑤ | ⑥ | ⑦ |
|---|---|---|---|---|---|---|
| 電気めっき　Ep | 鋼鉄　　　　Fe | ニッケル　Ni | 0.1 | 光沢　　　　b | 光沢クロメート　CM1 | 腐食性の強い　A　屋外 |
| 無電解めっき　ELp | 銅・銅合金　Cu | クロム　　Cr | 5 | 半光沢　　　s | 有色クロメート　CM2 | 通常の屋外　　B |
| | 亜鉛・亜鉛合金　Zn | 銅　　　　Cu | 10 | 無光沢　　　m | | 湿気の高い　　C　屋内 |
| | アルミニウム・アルミニウム合金　Al | 亜鉛　　　Zn | 20 | 二層ニッケル d | | 通常の屋内　　D |
| | マグネシウム・マグネシウム合金　Mg | 金　　　　Au | | 三層ニッケル t | | |
| | プラスチック　PL | 銀　　　　Ag | | | | |
| | セラミックス　CE | 錫　　　　Sn | | | | |
| | | 工業用クロム ICr | | | | |

めっきの最小厚さを μm 単位で示す

（例）　Ep-Fe/Ni 10 b/CM1:A
　　　　　①　②　③　④⑤　⑥　　　⑦

# Memo

# 主要な機械要素の図面

機械製品を構成する要素として、常用される部品が多くあります。これらを機械要素と呼びます。例えば、部品同士をつなぎ合わせる方法として、代表的な機械要素はボルトやナットに代表される「ねじ部品」です。また、溶接をして継ぎ合わせる場合もあります。そのほか、歯車、ばね、軸受（ベアリング）、キー、ピン、チェーンなど、基本となる機械要素には様々なものがあります。本章では、代表例としてねじと溶接の図面記入法を説明します。その他の機械要素については、『JISにもとづく機械設計製図便覧』（オーム社刊）や製品カタログなどを参照してください。

# 10-1 ねじの製図

ボルト、ナット、小ねじなど、ねじは最も身近な機械部品です。ねじ部はらせん形状をしていますが、それを忠実に描くのは非効率なので、図面上ではらせん状に描きません。太さの異なる線により簡略画化して描きます。ねじの表し方の基本を学び、正しく記入・読図できるようにしましょう。

## ねじとは

　ねじは、日常生活でもよく目にする機械要素です。図10-1-1に示すように、円柱の外側あるいは円筒の内側にらせん状の溝（ねじ山）を設けたものを、ねじと呼びます。

> おねじ：**円柱の外側に**ねじ山を設けたもの……図10-1-1（a）
>
> めねじ：**円筒の内側に**ねじ山を設けたもの……図10-1-1（b）

### ねじの外観（図10-1-1）

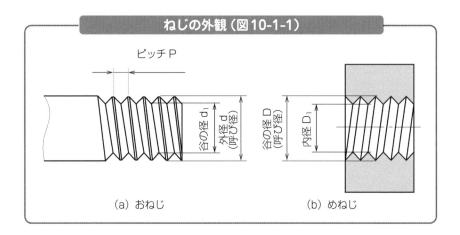

（a）おねじ　　　（b）めねじ

　図10-1-1に示すように、互いに組み合わされるおねじとめねじを**ねじ対偶**と呼びます。このとき、おねじの外側部分の径である**外径d**は、ねじを切る前の円柱の直径と等しくなり、これが最大径です。これをおねじの**呼び径**といいます。おねじに対してねじ山を切った際に生じる谷の部分の径を**谷の径$d_1$**といいます。

　一方、めねじを切るときは、はじめに図10-1-1 (b) の**内径$D_1$**の穴を開けます。この穴を下穴といい、下穴の直径は、おねじの谷の径とほぼ同じになります。まったく同じにすると、おねじとめねじのねじ山同士が干渉して、ねじ同士を滑らかに締め付けることができないため、若干のすきまをつくります。下穴に対して、ねじ山を切って谷を広げますが、谷の部分であるめねじの**谷の径D**は、おねじの外径dとほぼ同じになります。

　ねじ山の間隔を**ピッチP**と呼びます。通常のねじは、1回転（360°）させると1ピッチ分だけねじが進みます。ここでいう通常のねじとは、ねじのらせんが1本（1条）のねじを指します。このようなねじを**一条ねじ**といいます。

　ねじのらせんが2本、3本のように2本以上になっているものを、それぞれ**二条ねじ**、**三条ねじ**、総称して**多条ねじ**と呼びます。例えば二条ねじは、ねじを1回転させると2ピッチ分だけ進みます。

　ねじを1回転させたときに進む距離を**リードL**と呼びます。一条ねじは1回転で1ピッチ、二条ねじは1回転で2×P＝2ピッチ進むもので、n条のねじのリードは次のようになります。

> リードL ＝ ピッチP × ねじの条数n

以上をまとめると、次のことがいえます。

> おねじの外径d 　　＝ めねじの谷の径D ⇒ 呼び径
> おねじの谷の径$d_1$ ＝ めねじの内径$D_1$
> ピッチP ＝ ねじ山の間隔
> リード*L ＝ ピッチP × ねじの条数 n
>
> ※リード：ねじ1回転で軸方向に進む距離

10
主要な機械要素の図面

## ねじの図示法

　図面上にねじを描き表す際、ねじのらせんを描くには労力がかかります。また、ねじの形状は規格で定められているため、らせん形状をわざわざ描くことに意味はありません。そのため、ねじは略画で示されます。図面を読む際は、略画で描かれたねじを正しく読み取ることが必要になります。

　図10-1-2に、図面における**おねじの表示法**を示します。ねじを図示する際、ねじ山部分は太い線と細い線で表します。おねじの場合、**外径（呼び径）の部分を太い線**で描き、**谷の径の部分は細い線**で描きます。おねじの側面図を描く場合も同じように、呼び径部分を太い線、谷の径の部分を細い線で描きます。

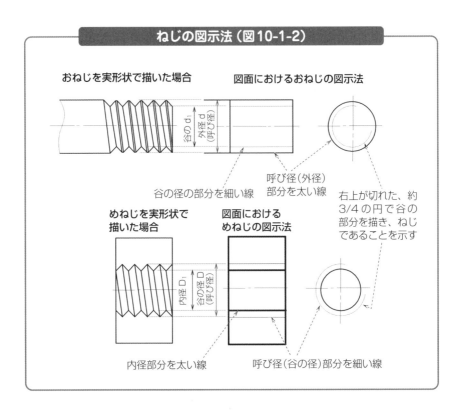

**ねじの図示法（図10-1-2）**

おねじを実形状で描いた場合／図面におけるおねじの図示法

谷の径 d₁／外径 d（呼び径）

谷の径の部分を細い線

呼び径（外径）部分を太い線

右上が切れた、約3/4の円で谷の部分を描き、ねじであることを示す

めねじを実形状で描いた場合／図面におけるめねじの図示法

内径 D₁／谷の径 D（呼び径）

内径部分を太い線

呼び径（谷の径）部分を細い線

さらに、谷の部分は360°の完全な円を描くのではなく、図に示すとおり、右上側が3/4ほど切れた円で示します。このようにすることで、「二重円の形状ではなく、ねじである」ことを明示します。

おねじを側面から見た場合、見えるのは外径（呼び径）部分の線です。ねじの溝の部分は、外径に隠れてほとんど見えません。そのため、実際に見える外径を太い線で表し、実際にはほとんど見えない谷の部分を、途中が切れた細い線で表し、ねじであることを示しています。

一方、めねじの場合、穴の外から見えるのは小さいほうの内径の円です。ねじの溝は、内径に隠れてしまってほとんど見えません。よって、めねじの場合はおねじと逆になり、内径を太い線、谷の径（呼び径）を細い線で表します。

なお、旧JISでは図10-1-3に示すように、ねじの側面部分を二重円で示していました。実務の現場にはこのような図示法も残っているので、覚えておくとよいでしょう。

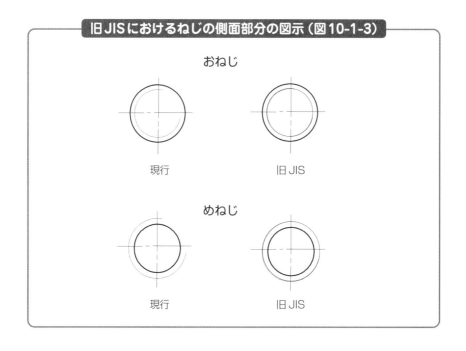

**旧JISにおけるねじの側面部分の図示（図10-1-3）**

おねじ

現行　　　　　　旧JIS

めねじ

現行　　　　　　旧JIS

10

主要な機械要素の図面

## 不完全ねじ部

　図10-1-4(a)にあるとおり、ねじのらせんの終わり部分には、不完全なねじ山の部分が残ります。これを**不完全ねじ部**といいます。ねじを図示する際は、図(b)のように斜めの線を引いて、不完全ねじ部を表します。ただし、特に必要がないのであれば、図(c)のように不完全ねじ部を省略します。実務の現場では、不完全ねじ部を示した図面と示していない図面の両方が用いられています。

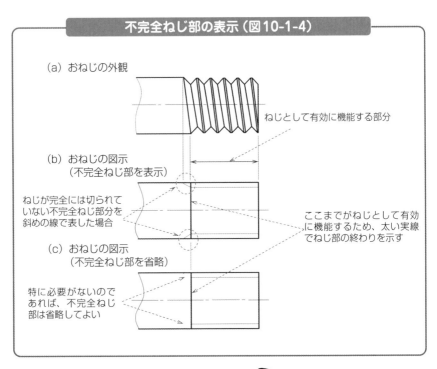

**不完全ねじ部の表示（図10-1-4）**

(a) おねじの外観

ねじとして有効に機能する部分

(b) おねじの図示
　　（不完全ねじ部を表示）

ねじが完全には切られていない不完全ねじ部分を斜めの線で表した場合

ここまでがねじとして有効に機能するため、太い実線でねじ部の終わりを示す

(c) おねじの図示
　　（不完全ねじ部を省略）

特に必要がないのであれば、不完全ねじ部は省略してよい

**名人からのアドバイス**

### ねじの製図は簡略化された画法で

　ねじの製図では、ねじの形状を忠実に描くのは非効率であり、簡略化された画法が採用されます。ねじは、らせん形状が太い線と細い線で図示され、おねじとめねじの区別やねじ山の間隔（ピッチ）など基本的なパラメータが明示されます。また、ねじを1回転させたときに進む距離はリードとして計算され、これらの情報は図面上で適切に表現される必要があります。

# 10-2 ねじの種類

ねじ山の形状にはいろいろなものがありますが、ねじを図示するときは図10-1-2で示したように太い線と細い線で描いた略画を用います。そのため、図を見ただけではねじの種類やサイズはわかりません。

## ねじの種類と記号

ねじの種類や寸法は記号と数字を用いて表示します。表10-2-1に、代表的なねじの種類と記号を示します。

▼ねじの種類を表す記号と、ねじの表し方の例（表10-2-1）

| 区分 | ねじの種類 | | ねじの種類を表す記号 | 表し方の例 | 関連JIS |
|---|---|---|---|---|---|
| ピッチをmmで表すねじ | 一般用メートルねじ | 並目 | M | M12 | JIS B 0209-1 |
| | | 細目 | | M12×1.25 | JIS B 0209-1 |
| | メートル台形ねじ | | Tr | Tr20×4 | JIS B 0216 |
| | ミニチュアねじ | | S | S0.5 | JIS B 0201 |
| ピッチを山数で表すねじ | 管用テーパねじ | テーパおねじ | R | R3/4 | |
| | | テーパめねじ | Rc | Rc3/4 | JIS B 0203 |
| | | 平行めねじ | Rp | Rp3/4 | |
| | 管用平行ねじ | | G | G1/2 | JIS B 0202 |
| | ユニファイ並目ねじ | | UNC | 3/8-16 UNC | JIS B 0206 |
| | ユニファイ細目ねじ | | UNF | 1/2-20 UNF | JIS B 0208 |

**メートルねじ**、**メートル台形ねじ**などは、ピッチをmmで表します。つまり、図10-1-1 (a) で示したピッチPが何mmなのかを示します。

　一方で、**管用ねじ**、**ユニファイねじ**は、ピッチを「1インチ (25.4mm) 当たりの山数」で表します。

　表の中で、メートル台形ねじ以外はねじ山の断面が三角形であり、主に物体を締め付けて固定する用途に用いられます。

　このようなねじは、**三角ねじ**とも呼ばれます。三角ねじの例として、メートル並目ねじのねじ部の拡大写真を図10-2-1に示します。

### 三角ねじのねじ山写真（メートル並目ねじ）（図10-2-1）

　**台形ねじ**は、図10-2-2に示すように、ねじ山が台形になっているものです。台形ねじは、動力・運動の伝達用および移動用に用いられます。

　例えば、ステージを移動させるのに用いたり、ものを持ち上げるジャッキなどに使われたりします。台形ねじ以外にも、ねじ山の形状によって**角ねじ**、**丸ねじ**、**ボールねじ**などがあります。

### 台形ねじのねじ山写真（メートル台形ねじ）（図10-2-2）

　ねじは、その寸法許容差の大小によって、いくつかの等級に分かれています。推奨されるねじの等級を表10-2-2に示します。

　ねじの等級を示す必要がある場合、ねじの呼びのあとにハイフン（－）を挟んでねじの等級（例：6f）を指示します。ねじの等級の表示は、不要であれば省略可能です。なお、ねじの指示方法の詳細は次節以降で説明します。

（例）M12のおねじで、ねじの等級が6fの場合

　　→M12－6f

▼ねじの等級の推奨値（表10-2-2）

| ねじの種類 | | ねじの等級（左側ほど精度が高い） |
|---|---|---|
| メートルねじ※ | おねじ | 4h, 6g, 6f, 6e |
| | めねじ | 5H, 6H, 7H, 6G |
| ユニファイねじ | おねじ | 3A, 2A, 1A |
| | めねじ | 3B, 2B, 1B |
| 管用平行ねじ | | A, b |

※メートルねじの等級は、公差域クラスを指している。

**名人からの アドバイス**

**ねじの種類・サイズ・形状**

　ねじの種類やサイズを理解するためには、略画だけでは不明確なことから、記号や数字が用いられます。また、ねじ山の形状を図示するためには、太い線と細い線が使われます。ねじの種類には、三角ねじ、台形ねじ、角ねじ、丸ねじ、ボールねじなどがあり、それぞれの用途が異なります。

**10**

主要な機械要素の図面

# 10-3 ねじの寸法記号

最もよく用いられるねじは、メートルねじです。本節では、メートルねじを例に、ねじの寸法の読み方を説明します。

## メートルねじの表し方

表10-2-1に示したように、メートルねじの記号は**M**です。また、ピッチには**並目**と**細目**の2種類があります。

まずは、メートル並目ねじと細目ねじの、呼び径に対するピッチ（抜粋）を表10-3-1に示します。

### 一般用メートル並目ねじと細目ねじの基準寸法（表10-3-1）

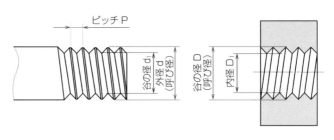

| ねじの呼び | ピッチP | | めねじ | |
|---|---|---|---|---|
| | | | 谷の径D | 内径*$D_1$ |
| | | | おねじ | |
| | 並目 | 細目 | 外径d | 谷の径*$d_1$ |
| M6 | 1.0 | 0.75 | 6.000 | 4.917 |
| M10 | 1.5 | 1.25, 1.0, 0.75 | 10.000 | 8.376 |
| M12 | 1.75 | 1.5, 1.25, 1.0 | 12.000 | 10.106 |
| M16 | 2.0 | 1.5, 1.0 | 16.000 | 13.835 |
| M20 | 2.5 | 2.0, 1.5, 1.0 | 20.000 | 17.294 |
| M36 | 4.0 | 3.0, 2.0, 1.5 | 36.000 | 31.670 |

※注意：めねじの内径、おねじの谷の径は、並目ねじの場合の数値である。細目ねじの場合はこれらの数値が変わる（詳しくはJIS B 0205等を参照）。

　表に示すとおり、並目ねじでは、呼び径に対してピッチは1つしかありません。それに対して細目ねじは、並目ねじよりもピッチが小さく（ねじ山が細かい）、同じ呼び径でもピッチがいくつかあります。そのため、これらのねじの寸法は次のように表します。

● **メートル並目ねじの場合**

　メートル並目ねじは、ピッチが1種類しかないため、指示するときにピッチを表示しません。

---

例) 呼び径12mmのメートル**並目**ねじの場合　→　M12

---

● **メートル細目ねじの場合**

　メートル細目ねじは、ピッチが並目ねじとは異なる上に、複数のピッチがあります。そのため、ねじの呼びを示したあとにピッチを示します。

---

例) 呼び径12mm、ピッチ1.25のメートル**細目**ねじの場合　→　M12×1.25

---

　つまり、メートルねじの場合は「呼び径のあとにピッチが示されていれば細目ねじ」だということがわかります。

　そのほか、必要に応じて「ねじの等級」や「ねじ山の巻き方向」を記します。ねじの巻き方向については、通常のねじは右ねじなので、右ねじであれば記しません。左ねじの場合は、次のようにLH（Left Handの略）を付記して、左ねじであることを明示します。

---

例) 呼び径12mm、**左ねじ**のメートル**並目**ねじの場合　➡　M12－LH

例) 呼び径12mm、ピッチ1.25の**左ねじ**のメートル**細目**ねじの場合

　　　　　　　　　　　　　　　　　➡　M12×1.25－LH

---

　ねじの等級（表10-2-2）を指示したいときは、次のように記します。

例1)　呼び径12のメートル並目ねじのおねじ（ねじの等級4h、右ねじ）

　　➡ M12－4h

例2)　呼び径10、ピッチ1.25のメートル細目ねじのめねじ（ねじの等級5H、左ねじ）

　　➡ M10×1.25－5H－LH

**10**

主要な機械要素の図面

# 10-4 ねじ寸法の指示法

本節では、ねじ部への寸法記入の方法を具体的に学びます。

 ## おねじの寸法記入

　ボルトなどのおねじ部分に寸法を記入する際は、図10-4-1のようにします。軸の直径を入れるのと同様に寸法線で記入します。

　図の (a) は呼び径12のメートル並目ねじで、ねじ部長さが20mmであることを示しています。(b) は、ピッチ1.25のメートル細目ねじを指定しているところが (a) との違いです。

　ピッチの異なるねじ同士は組み付けられないので、ピッチの読み間違いや記入ミスには注意が必要です。

---

### おねじの寸法記入の例 (図10-4-1)

ピッチが記入されていないので、並目であることが
わかる。並目のピッチは1種類 (M12 では 1.75)
しかないので、記入しなくてよい

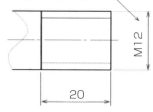

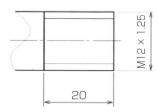

(a) 呼び径 12 のメートル並目ね
　じのおねじ (ねじ部長さ 20)

(b) 呼び径 12、ピッチ 1.25
　のメートル細目ねじのお
　ねじ (ねじ部長さ 20)

## めねじの寸法記入

　めねじ部分に寸法を記入する方法を図10-4-2に示します。最も基本的な寸法記入法は、図 (a) に示すとおり、通常の寸法記入と同様に寸法引出線と寸法線を用いて指示するものです。

　図の例では、M12のメートル並目ねじを深さ20mmまで切ることを意味しています。めねじを切るためには、めねじの内径の下穴を開ける必要があります。図の例では、直径10.1mmの下穴を深さ24mmまで開けることを示しています。下穴を開けたあと、深さ20mmまでねじ穴を開けます。

　小さいねじになるほど、寸法を記入するスペースが不足します。そのような場合、図 (b) や図 (c) に示すように、「呼び径、ねじ深さ、下穴の直径、下穴の深さ」を一括で指示する方法もあります。

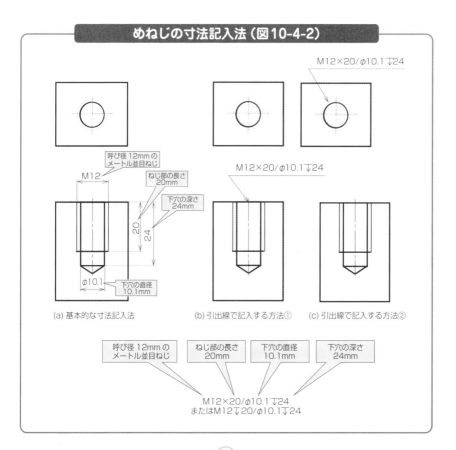

めねじの寸法記入法（図10-4-2）

(a) 基本的な寸法記入法　(b) 引出線で記入する方法①　(c) 引出線で記入する方法②

10
主要な機械要素の図面

## おねじとめねじが結合した状態の描き方

　おねじとめねじが組み立てられた状態を示す場合は、めねじ（ねじ穴）におねじが挿入された状態なので、おねじがめねじの上に重なる形で描きます（図10-4-3）。このとき、おねじが挿入された部分のめねじは隠れています。

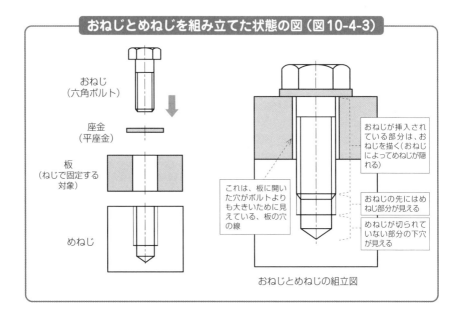

おねじとめねじを組み立てた状態の図（図10-4-3）

おねじ
（六角ボルト）

座金
（平座金）

板
（ねじで固定する
対象）

めねじ

これは、板に開いた穴がボルトよりも大きいために見えている、板の穴の線

おねじが挿入されている部分は、おねじを描く（おねじによってめねじが隠れる）

おねじの先にはめねじ部分が見える

めねじが切られていない部分の下穴が見える

おねじとめねじの組立図

### 名人からのアドバイス

#### おねじ・めねじの寸法記入

　おねじの寸法記入では、呼び径とねじ部の長さを示すとともに、複数のピッチがある場合はピッチを示す必要があります。

　めねじの寸法記入では、通常の寸法記入法と同じく、寸法引出線と寸法線を用いて指示し、下穴の直径と深さも記入します。

　また、おねじとめねじが組み立てられた状態を描くときでは、おねじがめねじの上に重なった形にします。

# 10-5 ねじの簡略図示法

ねじ部品は、規格で定められたものを用いることになります。つまり、特殊なもので専用に製作しなければならない場合を除けば、既製品を購入して使います。そのため、ねじの形状をいちいち詳細に描く必要はなく、簡略図で示します。

 **簡略図示の方法**

例えば、「ボルトやナットの頭部分の面取り」、「ねじ先端の形状」、「すりわりなどの溝の形状」、「不完全ねじ部」などを忠実に描かずに、簡略図で描くことが可能です。表10-5-1にボルト、ナット、小ねじの簡略図示法を示します。

▼ボルト、ナット、小ねじの簡略図示法 (表10-5-1)

| No. | 名称 | 簡略図示 | No. | 名称 | 簡略図示 |
|---|---|---|---|---|---|
| 1 | 六角ボルト | | 9 | 十字穴付き皿小ねじ | |
| 2 | 四角ボルト | | 10 | すりわり付き止めねじ | |
| 3 | 六角穴付ボルト | | 11 | すりわり付き木ねじ及びタッピンねじ | |
| 4 | すりわり付き平小ねじ (なべ頭形状) | | 12 | ちょうボルト | |
| 5 | 十字穴付き平小ねじ | | 13 | 六角ナット | |
| 6 | すりわり付き丸皿小ねじ | | 14 | 溝付き六角ナット | |
| 7 | 十字穴付き丸皿小ねじ | | 15 | 四角ナット | |
| 8 | すりわり付き皿小ねじ | | 16 | ちょうナット | |

出典：JIS B 0002-3：2023

なお、小さな穴やねじを描くのは難しいものです。また、同じ形状の穴やねじがいくつも並んでいる場合も、それらの形状をすべて描くのは非効率です。

そのため、図面上の直径が6mm以下の小さな穴やねじを描く場合、あるいは規則的に同一形状の穴やねじが並ぶ場合には、図10-5-1に示すとおり穴やねじを描かず、穴やねじのある部分に中心線のみを示し、その中心線の交点から引出線と参照線を用いて寸法を示します。

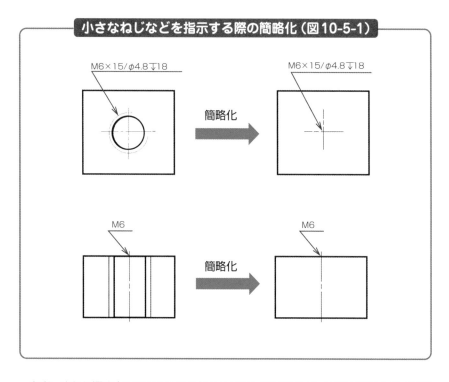

小さなねじなどを指示する際の簡略化（図10-5-1）

なお、めねじ深さをM6×15のように×で示していますが、これは穴深さ↧で示すことも可能です。その場合は次のように示します。

M6↧15/φ4.8↧18

# 10-6 溶接

溶接は、部材同士を高い強度で接続できる方法のため、広く用いられます。溶接で製作する物品の図面には、「どこをどのように溶接するか」が明確に記されていなければなりません。溶接記号は複数の種類があるので、ここでは主要な溶接記号を用いて基本的な指示のしかたを理解しましょう。

##  溶接とは

金属同士を局部的に融解させて接合する方法を**溶接**といいます。溶接によって物品同士をつないだものを溶接継手と呼びます。溶接の方法として、**アーク溶接**、**ガス溶接**、**抵抗溶接（スポット溶接）**などがあります。

ガス溶接は、ガスの燃焼による熱を利用して金属を溶かし、接合します。アーク溶接は、金属が電流を流すことを利用し、高電圧を付加してアーク放電を発生させ、それに伴う熱を利用します。スポット溶接は、電気抵抗中を流れる電流によって生じる熱（ジュール熱）を利用して金属を接合します。

特にアーク溶接は、機械構造物、建築構造物、船舶、ボイラーなど、実に様々な場において、金属同士を接合するのに広く用いられています。

スポット溶接は、薄板の接合に適しています。自動車のボディーの鋼板の接合などにおいて、溶接ロボットを用いたスポット溶接が多用されています。

### 名人からの アドバイス

#### 溶接とは

溶接は部材を強固に接続する、広く使用される方法です。図面にはどのように溶接するかを明記する必要があります。

溶接は、金属を局所的に溶解して接合するもので、主にアーク溶接、ガス溶接、スポット溶接の方法があります。アーク溶接は多くの工業分野で利用され、スポット溶接は特に薄板接合に適し、自動車製造などに用いられています。

# 10-7 溶接継手の種類

溶接において、「母材同士をどのように接合するか」を**溶接継手**といいます。

## 溶接継手

　溶接継手には様々な種類があります（図10-7-1）。加えて、後述のとおり接合部の形状（**開先**と呼ぶ）も複数あるため、これらの組み合わせによって様々な種類の溶接が行われます。

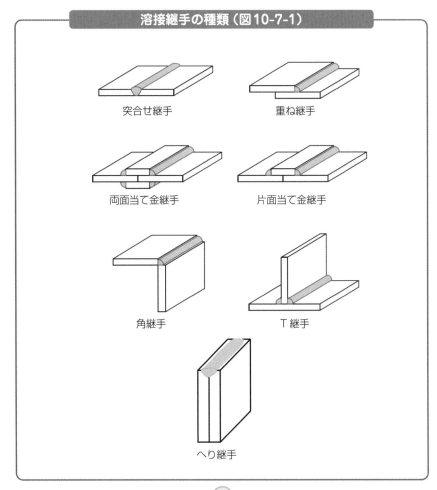

**溶接継手の種類（図10-7-1）**

突合せ継手

重ね継手

両面当て金継手

片面当て金継手

角継手

T継手

へり継手

# 10-8 溶接深さとルート間隔

突合せ継手を例に、その溶接部の状態を図10-8-1に模式的に示します。

## 溶接の深さ

図の (a) に示すように、溶接部が部材の深さ全域にわたる場合 (溶接深さ＝母材の厚さ) を**完全溶込み溶接**と呼びます。それに対して (b) のように、溶接深さが母材の深さよりも浅い場合を**部分溶込み溶接**と呼びます。また、溶接された母材同士が離れていることもあります。この間隔を**ルート間隔**と呼びます。

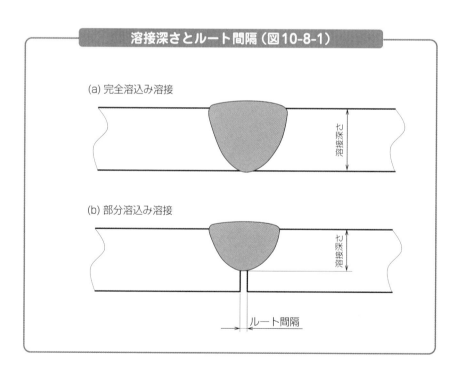

溶接深さとルート間隔（図10-8-1）

(a) 完全溶込み溶接

溶接深さ

(b) 部分溶込み溶接

溶接深さ

ルート間隔

# 10-9 溶接記号

溶接を行う際は、母材の接合部の先端に様々な形状をつくり、その母材同士の間にできる空間部分に溶着金属を流し込んで接合を行います。このときの母材の接合部形状を**開先**と呼びます。開先を様々な形状に仕上げて、その間に溶接を施します。

## 開先形状と溶接記号

主な開先の形状およびに対応する溶接記号を図10-9-1に示します。

例えば、「I形開先溶接」の記号が示された場合は、図の右側の例に示すような、接合部がI形の開先を溶接することを意味します。「V形開先溶接」の記号が示された場合は、図に示すように、開先にV形の溝があるものに溶接を施すことを意味します。

---

**COLUMN** 溶接の歩み

溶接技術は、人類の文明と密接に連動しています。古代の鍛冶屋たちは、金属片をハンマーで打ちながら熱し、そうして徐々に部材を接合していました。

しかし、溶接という技術が本格的に登場するのは19世紀末になってからで、それには電気が溶接技術の進展を牽引（けんいん）する契機となりました。

19世紀後半、特に1880年代には、電気の利用によって初めて実用的なアーク溶接が可能になりました。これは、金属を溶解して部材を接合する方法で、この発明により溶接技術は飛躍的に前進しました。

20世紀に入ると、溶接技術はさらに発展を遂げ、多くの新しい溶接の方法が開発されました。例えば、ガス溶接が登場

し、それにより溶接作業はより効率的かつ経済的に行えるようになりました。

また、第二次世界大戦中には溶接技術への要求が高まり、それに応じて技術も進展しました。戦時中には、船舶や飛行機、軍用車両の製造において溶接技術が重要な役割を果たしています。戦後、溶接はさらに多くの産業分野で基盤技術となり、特に自動車産業や建設産業でその重要性を増してきました。

近年は、ロボット溶接やレーザー溶接などの先進的な技術が登場しています。これらの技術は、溶接の精度と効率を向上させるだけでなく、従業員の作業環境を改善し、さらには溶接作業の安全性を向上させています。

## 開先の種類と対応する溶接記号（図10-9-1）

| 溶接の種類 | 溶接記号 | 溶接部の開先形状の模式図 |
|---|---|---|
| I 形開先溶接 |  ‖ |  |
| V 形開先溶接 |  ∧ | 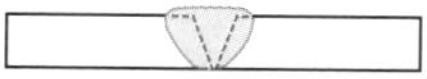 |
| X 形開先溶接 |  ✕ |  |
| レ形開先溶接 |  ⌐ |  |
| J 形開先溶接 |  ⌐ | 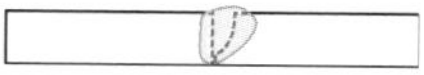 |
| U 形開先溶接 | 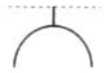 ⌓ | 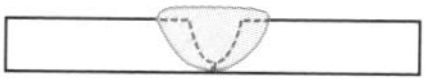 |
| K 形開先溶接 | K |  |
| V 形フレア溶接 |  八 |  |
| レ形フレア溶接 |  ⌐ | 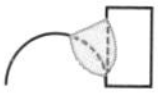 |
| すみ肉溶接 |  ◺ | 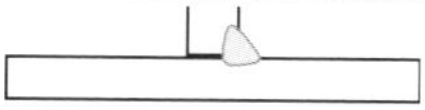 |
| プラグ溶接スロット溶接 | ⊔ | 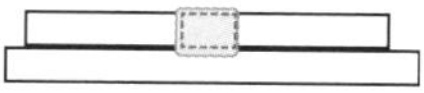 |
| 抵抗スポット溶接 | ○ | 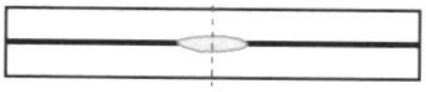 |
| 溶融スポット溶接 | ○ | 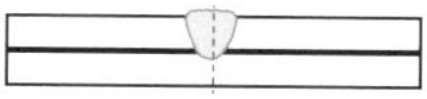 |
| 抵抗シーム溶接 | ⊖ | 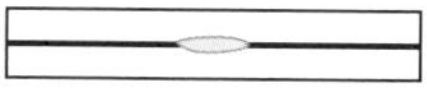 |
| 溶融シーム溶接 | ⊖ | 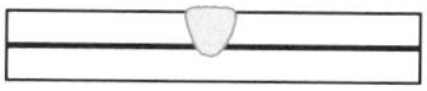 |
| スタッド溶接 | ⊗ | 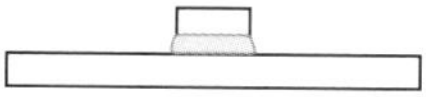 |
| ヘリ溶接 | ⊔⊔ | |
| 肉盛溶接 | ⌣⌣ | 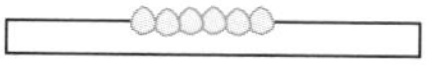 |
| ステイク溶接 |  △ | 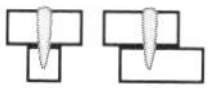 |

溶接記号中の‥‥は、溶接記号を入れる際の基線の位置を示している

例）I形開先溶接

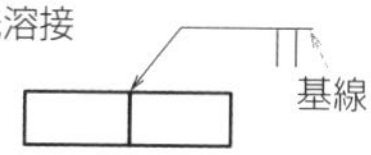

基線

**スポット溶接**は、電流などで局所的に熱を加えて接合する方法です。局所的な溶接に対して、線上に溶接をするものを**シーム溶接**と呼びます。板を重ね、Ｔ字につないだ際にできる角を溶接することを**すみ肉溶接**、母材を重ねてその端面を溶接することを**ヘリ溶接**と呼びます。

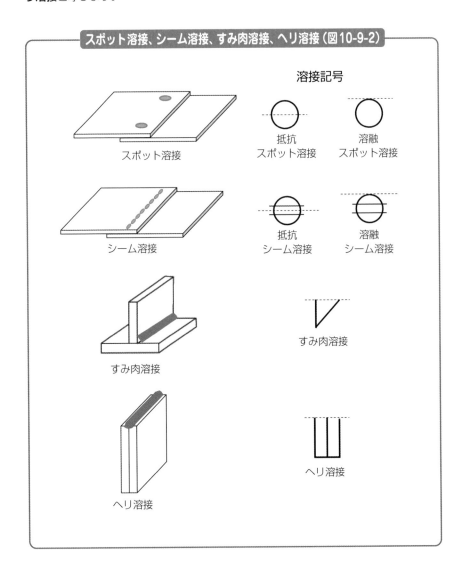

スポット溶接、シーム溶接、すみ肉溶接、ヘリ溶接（図10-9-2）

溶接記号

スポット溶接

抵抗
スポット溶接

溶融
スポット溶接

シーム溶接

抵抗
シーム溶接

溶融
シーム溶接

すみ肉溶接

すみ肉溶接

ヘリ溶接

ヘリ溶接

# 10-10 溶接記号の読み方

溶接記号の指示によって、どのように溶接するのかが異なります。溶接の形態には様々なものがあります。本節では、基本となる指示法やその考え方を説明します。

## 矢と基線

溶接部に溶接記号などを指示するときは、図10-10-1に示すような**矢**と**基線**を用います。基線に対して溶接記号をつけて、溶接の種類を示します。図の例では、V形開先溶接であることを示しています。

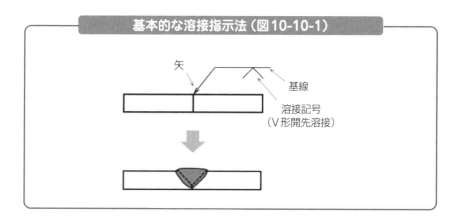

基本的な溶接指示法（図10-10-1）

矢

基線

溶接記号
（V形開先溶接）

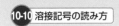
## 溶接を施す側の指示

溶接する箇所を矢印で示しますが、実際に溶接をするのは"矢印をつけた側なのか?"あるいは"矢印をつけた反対側なのか?"を指示する方法が決まっています。図10-10-2に示すように、溶接記号を基線の下側に示した場合は「矢印をつけた側を溶接する」ことを意味します。一方、溶接記号を基線の上側に示した場合は「矢印をつけた反対側を溶接する」ことを意味します。

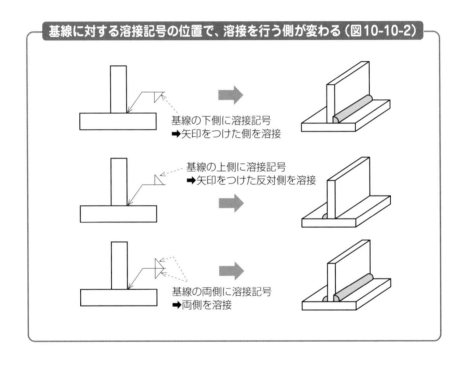

基線に対する溶接記号の位置で、溶接を行う側が変わる（図10-10-2）

基線の下側に溶接記号
➡矢印をつけた側を溶接

基線の上側に溶接記号
➡矢印をつけた反対側を溶接

基線の両側に溶接記号
➡両側を溶接

## 全周溶接

指示した場所の全周（1周）にわたって溶接する場合は、全周溶接の指示記号として、矢と基線の交点部分に「○」をつけます。図10-10-3に示すように、四角形部分の4辺すべてに同じ溶接を行う場合は、この○を1つつければすみます。

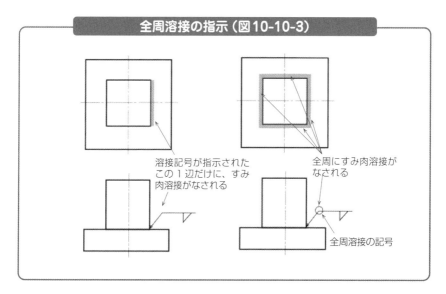

**全周溶接の指示（図10-10-3）**

溶接記号が指示されたこの1辺だけに、すみ肉溶接がなされる

全周にすみ肉溶接がなされる

全周溶接の記号

## 現場溶接

工事現場で溶接を施す場合は、図10-10-4に示すように、矢と基線の交点部分に現場溶接の記号をつけて表します。

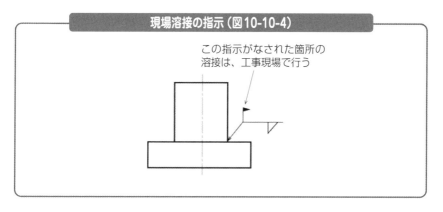

**現場溶接の指示（図10-10-4）**

この指示がなされた箇所の溶接は、工事現場で行う

10

主要な機械要素の図面

# 10-11 溶接寸法の具体例

　前述のように、矢と基線を用いて溶接記号を指示しますが、そのほかに、溶接部の寸法やその他の指示事項を加えます。本節では溶接寸法の指示について具体例で説明します。

## ⚙ 溶接寸法の一例

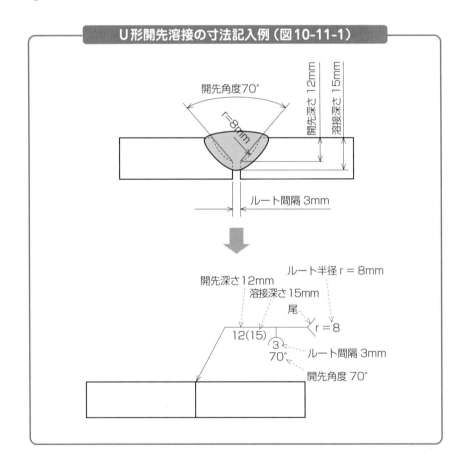

U形開先溶接の寸法記入例（図10-11-1）

開先角度70°
r＝8mm
開先深さ12mm
溶接深さ15mm
ルート間隔3mm

開先深さ12mm
溶接深さ15mm
ルート半径 r＝8mm
尾
r＝8
12(15)
3
70°
ルート間隔3mm
開先角度 70°

U形開先溶接の場合について、溶接部の寸法記入例を図10-11-1に示します。

溶接記号で開先形状を示し、その部分に「ルート間隔3mm」と「開先角度70°」が示されています。また、溶接記号の左側に「開先深さ12mm」が示され、開先深さの右横に（　）をつけて「溶接深さ15mm」が示されています。さらに、基線の右側の端部につけられた「尾」の部分に、「ルート半径8mm」が示されています。

**COLUMN　溶接記号**

溶接記号は、製図の世界において、溶接作業の指示に不可欠な要素です。溶接は金属やその他の材料を連結するための重要なプロセスであり、溶接記号はその作業内容の明示という重要な役割を担います。溶接記号は、図面上で溶接のタイプや位置、寸法を明確に示すために用いられ、それは一種の言語ともいえるものです。製造・施工現場の技術者や作業員は、これらの記号を読解することによって、溶接作業をどのように進行させるべきかを理解します。

溶接記号は、基本的にはいくつかの部分から構成されます。例えば、参照線（矢と基線）、基本記号、補足記号などがあり、それぞれが溶接作業の異なる側面を示します。参照線は「溶接がどこに行われるべきか」を示し、基本記号は「どの種類の溶接が要求されているか」を示します。補足記号は溶接の追加情報を提供し、溶接作業をさらに明確に指示します。

溶接記号は、図面の読解スキルを要求される領域であり、どこまで正しく読み取れるかということが、溶接作業の品質と効率に大きな影響を与えます。図面作成者や溶接技術者は、溶接記号を正確に理解し、それを適切に使用・読解することによって、プロジェクトの成功に大きく貢献できるのです。そして溶接記号は、技術的なコミュニケーションの重要なツールとして、現代の製造業においてなくてはならない存在となっています。

**10**

**主要な機械要素の図面**

# Memo

# 索引
## Index

索引

●著者紹介

飯島　晃良（いいじま　あきら）

日本大学 理工学部 機械工学科 教授
博士（工学）、技術士（機械部門）
大学において、高効率エンジンの燃焼研究を通じ、試作エンジン開発も実施。講義では、熱力学、内燃機関、エネルギー変換工学、伝熱工学、機械工学実験、機械設計製図などを担当。学内外にて、技術士試験、危険物取扱者試験の受験対策、熱工学などの教育講座を担当。次世代内燃機関の研究により、日本機械学会奨励賞、自動車技術会浅原賞、日本燃焼学会論文賞、日本エネルギー学会奨励賞、SETC Best Paperなどを受賞。

●編集協力

株式会社エディトリアルハウス

図解入門
現場で役立つ
図面の読み方・描き方

| 発行日 | 2023年11月20日 | 第1版第1刷 |
| | 2024年 5月14日 | 第1版第2刷 |

著　者　飯島　晃良

発行者　斉藤　和邦
発行所　株式会社　秀和システム
　　　　〒135-0016
　　　　東京都江東区東陽2-4-2　新宮ビル2F
　　　　Tel 03-6264-3105（販売）Fax 03-6264-3094
印刷所　三松堂印刷株式会社　　　　Printed in Japan

ISBN978-4-7980-6943-2 C3053

定価はカバーに表示してあります。
乱丁本・落丁本はお取りかえいたします。
本書に関するご質問については、ご質問の内容と住所、氏名、電話番号を明記のうえ、当社編集部宛FAXまたは書面にてお送りください。お電話によるご質問は受け付けておりませんのであらかじめご了承ください。